罗克韦尔自动化技术丛书

电气控制及PLC技术
——罗克韦尔Micro800系列

主 编 王 欣
副主编 余 琴 李艳红 刘璐玲

机械工业出版社

本书由三部分组成。第一部分为第 1~2 章，介绍了电气控制中常用的低压电器、典型电气控制电路、典型电气控制系统分析和设计方法。第二部分为第 3~6 章，介绍了可编程序控制器基础，以罗克韦尔 Micro800 系列 PLC 为重点，介绍了 Micro850 PLC 结构原理、指令系统及其应用、控制系统程序分析及设计方法。第三部分为第 7~10 章，介绍了 Micro850 控制变频器、工业触摸屏及运动控制对象的设计方法。

本书可供高等院校自动化、电气工程及相关专业的大学本科生、研究生和自动化工程技术人员阅读。

图书在版编目（CIP）数据

电气控制及 PLC 技术：罗克韦尔 Micro800 系列 / 王欣主编 . —北京：机械工业出版社，2019.10

（罗克韦尔自动化技术丛书）

ISBN 978-7-111-63868-1

Ⅰ . ①电… Ⅱ . ①王… Ⅲ . ①电气控制 ② PLC 技术 Ⅳ . ① TM571

中国版本图书馆 CIP 数据核字（2019）第 215403 号

机械工业出版社（北京市百万庄大街 22 号 邮政编码 100037）
策划编辑：林春泉 责任编辑：林春泉
责任校对：郑 婕 封面设计：鞠 杨
责任印制：张 博
三河市宏达印刷有限公司印刷
2019 年 11 月第 1 版第 1 次印刷
184mm×260mm · 16.25 印张 · 388 千字
0 001—3 000 册
标准书号：ISBN 978-7-111-63868-1
定价：69.00 元

电话服务 网络服务
客服电话：010-88361066 机 工 官 网：www.cmpbook.com
010-88379833 机 工 官 博：weibo.com/cmp1952
010-68326294 金 书 网：www.golden-book.com
封底无防伪标均为盗版 机工教育服务网：www.cmpedu.com

前　言

随着计算机技术的发展，以可编程序控制器（PLC）、变频器调速和计算机通信等技术为主体的新型电气控制系统已经逐渐取代传统的继电器电气控制系统，并广泛应用于各行业。由于罗克韦尔自动化公司小型 PLC 所具有的卓越性能，因此应用十分广泛。

本书共分为 10 章，第 1 章系统地介绍了常用低压电器的基本结构和工作原理；第 2 章介绍了三相异步电动机的基本控制电路和电气控制电路的设计；第 3 章概述了可编程序控制器的组成及其特点；第 4 章讲述了 Micro850 控制器的硬件结构及网络通信；第 5 章介绍了 Micro800 系列 PLC 的控制指令系统，包括基本指令、指令块和自定义功能块；第 6 章介绍了 PLC 程序设计方法；第 7 章介绍了 CCW 软件的安装及调试方法；第 8 章介绍了 PowerFlex525 变频器的结构及程序设计实例；第 9 章介绍了 PanelView800 工业触摸屏的设置方式及程序设计实例；第 10 章介绍了罗克韦尔运动控制系统及其应用。

本书图文并茂地讲述了罗克韦尔 Micro850 PLC 控制系统的原理、硬件知识、常见指令及应用实例，所有的实例均在 PLC 实训装置上测试通过，理论知识和工程实际应用并重，具有极强的针对性、可读性和实用性。本书可供高等院校自动化、电气工程及相关专业大学本科生、研究生和自动化工程技术人员阅读。

王欣为本书主编，余琴、李艳红、刘璐玲为副主编，周莹、周凤香参编。具体分工：2.2 节、第 5~9 章由王欣编写；第 10 章由余琴编写；3.2 节、3.3 节、第 4 章由李艳红编写；第 1 章、2.3~2.7 节由刘璐玲编写；2.1 节由周莹编写；3.1 节由周凤香编写。周文龙、王川、陈俊文、布繁、邱添、李明进对书中的所有实验进行了验证。全书由王欣统稿。

在编写过程中，罗克韦尔自动化公司中国大学项目部的吕颖珊女士一直关注本书的出版，给予了我们多方面的帮助，同时也提出了大量的宝贵意见，在此表示最诚挚的谢意。由于编者水平有限，书中难免有错误及疏忽之处，恳请读者批评指正。

编　者
2019 年 4 月

目　　录

第 1 章

常用低压电器

在电气控制系统和电力输配电系统中，各类高、低压电器在电能的生产、输送、分配及使用环节中起着控制、能量调节、电压转换、信号检测和电气保护等重要作用，并逐渐侧重于控制系统的配电、电压匹配、信号检测及电气保护等外围电气电路。

由于控制对象在电压、电流和功率等许多参数上的差异很大，控制系统无法对种类繁多的执行器件直接进行控制，而必须通过必要的电气元器件在能量上和速度上进行转换和匹配。控制系统与执行器件本身也需要工作电源，它需要通过电网经电气元器件组成的配电电路实现配送。此外，也必须为控制系统提供必要的电气保护措施，以避免因控制失效、操作失误或元器件损坏等因素而造成的短路、过电流、过电压、失电压、弱磁等现象。因此，掌握低压电器知识和继电器控制技术是为了更有效地运用 PLC 等先进控制装置所必须打下的基础。

1.1 低压电器的作用与分类

1.1.1 电器的定义

电器是一种能根据外界信号（机械力、电动力和其他物理量）和要求，手动或自动地接通、断开电路，以实现对电路或非电对象的切换、控制、保护、检测、变换和调节的组件或设备。

电器的控制作用就是手动或自动地接通、断开电路，"通"称为"开"，"断"称为"关"。因此，"开"和"关"是电器最基本、最典型的功能。

1.1.2 电器的分类

电器的功能多、用途广、品种多，常用的分类方法如下。

1. 按工作电压等级分类

1）高压电器　用于交流电压 1200V、直流电压 1500V 及以上电路中的电器。例如高压断路器、高压隔离开关、高压熔断器等。

2）低压电器　用于交流 50Hz（或 60Hz）、额定电压 1200V 以下以及直流额定电压 1500V 以下电路中的电器。例如，接触器、继电器等。

2. 按用途分类

1）控制电器　用于各种控制电路和控制系统的电器。例如接触器、继电器、电动机起动器等。

2）配电电器　用于电能的输送和分配的电器。例如高压断路器等。

3）主令电器　用于自动控制系统中发送动作指令的电器。例如按钮、转换开关等。

4）保护电器　用于保护电路及用电设备的电器。例如熔断器、热继电器等。

5）执行电器　用于完成某种动作或传送功能的电器。例如电磁铁、电磁离合器等。

3. 按工作原理分类

1）手动电器　人手工操作而发出动作指令的电器。例如刀开关、按钮等。

2）自动电器　产生电磁力而自动完成动作指令的电器。例如接触器、继电器、电磁阀等。

1.2　电磁机构及触头系统

低压电器中大部分为电磁式电器。各类电磁式电器的工作原理基本相同，由检测（电磁机构）和执行（触头系统）两部分组成。

1.2.1　电磁机构

1. 电磁机构的结构形式

电磁机构由吸引线圈、铁心和衔铁组成，其结构形式按衔铁的运动方式可分为直动式和拍合式。图 1-1a 为衔铁沿棱角转动的拍合式铁心，这种形式广泛应用于直流电器中。图 1-1b 为衔铁沿轴转动的拍合式铁心，其铁心形状有 E 形和 U 形两种。此种结构多用于触头容量较大的交流电器中。图 1-1c 为衔铁直线运动的双 E 形直动式铁心，此种结构多用于交流接触器、继电器中。

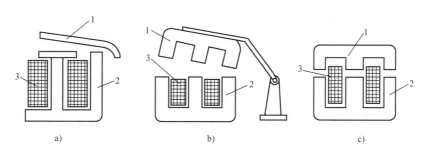

图 1-1　常用的电磁机构

a）、b）拍合式　c）直动式

1—衔铁　2—铁心　3—吸引线圈

吸引线圈的作用是将电能转换为磁能，即产生磁通，衔铁在电磁吸力作用下产生机械位移使铁心吸合。通入直流电的线圈称为直流线圈，通入交流电的线圈称为交流线圈。

直流线圈通电，铁心不会发热，但是线圈会发热，因此使线圈与铁心直接接触，易于散热。线圈一般做成无骨架、高而薄的瘦高型，以便线圈自身散热。铁心和衔铁由软钢或工程纯铁制成。

对于交流线圈，除线圈发热外，由于铁心中有涡流和磁滞损耗，铁心也会发热。为了改善线圈和铁心的散热情况，在铁心与线圈之间留有散热间隙，而且把线圈做成有骨架的矮胖型。铁心用硅钢片叠成，以减少涡流。

2. 电磁机构的工作原理

电磁铁工作时，线圈产生的磁通作用于衔铁，产生电磁吸力，并使衔铁产生机械位移，衔铁复位时复位弹簧将衔铁拉回原位。因此，作用在衔铁上的力有两个：电磁吸力和反力。电磁吸力由电磁机构产生，反力由复位弹簧和触头等产生。电磁机构的工作特性常用吸力特性和反力特性来表达。

3. 交流电磁机构上短路环的作用

由于单相交流电磁机构上铁心的磁通是交变的，故当磁通过零时，电磁吸力也为零，吸合后的衔铁在反力弹簧的作用下将被拉开，磁通过零后电磁吸力又增大，当吸力大于反力时，衔铁又被吸合。这样，交流电源频率的变化会使衔铁产生强烈振动和噪声，甚至使铁心松散。因此，交流电磁机构铁心端面上都安装一个铜制的短路环，短路环包围铁心端面约 2/3 的面积，如图 1-2 所示。短路环把铁心中的磁通分为两部分，即不穿过短路环的 Φ_1 和穿过短路环的 Φ_2，且 Φ_2 滞后 Φ_1，这使得合成吸力始终大于反作用力，从而消除了振动和噪声。

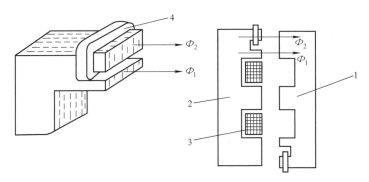

图 1-2　单相交流电磁机构上的短路环

1—衔铁　2—铁心　3—线圈　4—短路环

1.2.2　触头系统及电弧

1. 触头系统

触头是电磁式电器的执行组件，用来接通或断开被控电路。

触头的结构形式很多，按其所控制的电路可分为主触头和辅助触头。主触头用于接通或断开主电路，允许通过较大的电流；辅助触头用于接通或断开控制电路，只能通过较小的电流。

触头按其原始状态可分为常开触头和常闭触头。原始状态（即线圈未通电）断开，线圈通电后闭合的触头称为常开触头；原始状态闭合，线圈通电后断开的触头称为常闭触头

（线圈断电后所有触头复原）。

触头按其结构形式可分为桥形触头和指形触头，如图 1-3 所示。

触头按其接触形式可分为点接触、线接触和面接触三种，如图 1-4 所示。图 1-4a 为点接触，它由两个半球形触头或一个半球形与一个平面形触头构成，常用于小电流的电器中，如接触器的辅助触头或继电器触头。图 1-4b 为线接触，它的接触区域是一条直线，触头的通断过程是滚动式进行的。线接触多用于中容量的电器，如接触器的主触头。图 1-4c 为面接触，它允许通过较大的电流。这种触头一般在接触表面上镶有合金，以减少触头接触电阻并提高耐磨性，多用于大容量接触器的主触头。

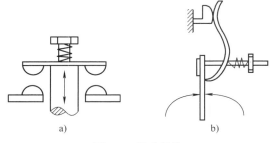

图 1-3　触头结构

a）桥形触头　b）指形触头

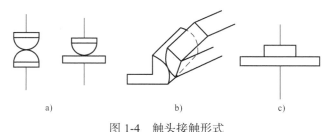

图 1-4　触头接触形式

a）点接触　b）线接触　c）面接触

2. 电弧

触头在通电状态下动、静触头脱离接触时，由于电场的存在，使触头表面的自由电子大量溢出而产生电弧。电弧的存在既烧损触头金属表面，降低电器的寿命，又延长了电路的分断时间，所以必须迅速消除。

（1）常用的灭弧方法

1）迅速增大电弧长度。电弧长度增加，使触头间隙增加，电场强度降低，同时又使散热面积增大，降低电弧温度，使自由电子和空穴复合的运动加强，因而电弧容易熄灭。

2）冷却。使电弧与冷却介质接触，带走电弧热量，也可使复合运动得以加强，从而使电弧熄灭。

（2）常用的灭弧装置

1）电动力吹弧。电动力吹弧如图 1-5 所示。双断头桥式触头在分断时具有电动力吹弧功能。不用任何附加装置便可使电弧迅速熄灭，这种灭弧方法多用于小容量交流接触器中。

2）磁吹灭弧。在触头电路中串入吹弧线圈，如图 1-6 所示。该线圈产生的磁场由导磁夹板引向触头周围，其方向由右手定则确定（见图 1-6）。触头间的电弧所产生的磁场，其方向如图 1-6 所示。这两个磁场在电弧下方方向相同（叠加），在弧柱上方方向相反（相减），所以弧柱下方的磁场强于上

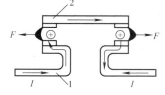

图 1-5　电动力吹弧示意图

1—静触头　2—动触头

方的磁场。在下方磁场作用下，电弧受力的方向为 F 所指的方向，在 F 的作用下，电弧被吹离触头，经引弧角引进灭弧罩，使电弧熄灭。

3）栅片灭弧。灭弧栅是一组镀铜薄钢片，它们彼此间相互绝缘，如图 1-7 所示。电弧进入栅片被分割成一段段串联的短弧，而栅片就是这些短弧的电极。每两片灭弧片之间都有 150~250V 的绝缘强度，使整个灭弧栅的绝缘强度大大加强，以致外加电压无法维持，电弧迅速熄灭。此外，栅片还能吸收电弧热量，使电弧迅速冷却。基于上述原因，电弧进入栅片后就会很快熄灭。由于栅片灭弧装置的灭弧效果在交流时要比直流时强得多，因此在交流电器中常采用栅片灭弧。

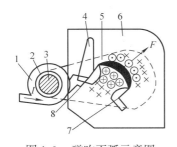

图 1-6　磁吹灭弧示意图

1—磁吹线　2—绝缘套　3—铁心　4—引弧角
5—导磁甲板　6—灭弧罩　7—动触头　8—静触头

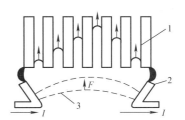

图 1-7　栅片灭弧栅示意图

1—灭弧栅　2—触头　3—电弧

1.3　接触器

接触器是自动控制系统中应用最为广泛的一种低压电器，用来频繁地接通和断开交直流主电路和大容量控制电路，实现远距离自动控制，并具有欠（零）电压保护功能，主要用于控制电动机和电热设备等。接触器按其主触头所控制主电路电流的种类可分为交流接触器和直流接触器两种。

1.3.1　接触器的结构及工作原理

交流接触器主要由电磁机构、触头系统和灭弧装置组成，其结构示意图如图 1-8 所示。

1）电磁机构　电磁机构用来操作触头的闭合与分断，包括线圈、动铁心和静铁心。线圈由绝缘铜导线绕制而成，一般制成粗而短的圆筒形，并与铁心之间有一定的间隙，以免与铁心直接接触而受热烧坏。铁心由硅钢片叠压而成，以减少铁心中的涡流损耗，避免铁心过热。在铁心上装有短路环，以减少交流接触器吸合时产生的振动和噪声，故又称为减振环。

2）触头系统　接触器的触头系统包括主触头和辅助触头。主触头用于接通或断开主电路，

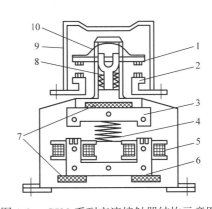

图 1-8　CJ20 系列交流接触器结构示意图

1—动触头　2—静触头　3—衔铁　4—缓冲弹簧
5—电磁线圈　6—铁心　7—垫毡　8—触头弹簧
9—灭弧罩　10—触头压力簧片

允许通过较大的电流，一般有三对主触头；辅助触头用于接通或断开控制电路，通过的电流较小，有常开和常闭两种触头。触头用导电性能较好的纯铜制成，并在接触部分镶上银或者银合金块，以减小接触电阻。

3）灭弧装置　用来迅速熄灭主触头在分断电路时所产生的电弧，保护触头不受电弧灼伤，并使分断时间缩短。容量在 10A 以上的接触器都有灭弧装置，对于小容量的接触器，常采用双断口桥形触头以利于灭弧，其上有陶土灭弧罩。对于大容量的接触器常采用纵缝灭弧罩及栅片灭弧结构。

4）其他部件　其他部件包括反作用力弹簧、传动机构和接线柱等。

5）工作原理　当线圈通入电流后，在铁心中形成强磁场，动铁心受到电磁力的作用，便吸向静铁心。但动铁心的运动受到反作用力弹簧阻碍，故只有当电磁力大于弹簧反力时，动铁心才能被静铁心吸住。动铁心吸下时，带动动触头与静触头接触，从而使被控电路接通。当线圈断电后，动铁心在反力弹簧作用下迅速离开静铁心，从而使动、静触头也分离，断开被控电路。

接触器的电气符号如图 1-9 所示。

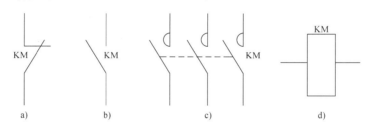

图 1-9　接触器的电气符号

a）常闭辅助触头　b）常开辅助触头　c）主触头　d）线圈

1.3.2　接触器的技术参数

接触器的主要技术参数有额定电压、额定电流、线圈额定电压、额定操作频率等。

1. 额定电压

额定电压是指接触器铭牌上主触头的电压。交流接触器的额定电压一般为 220V、380V、660V 及 1140V；直流接触器的额定电压一般为 220V、440V 及 660V。辅助触头的常用额定电压交流接触器为 380V，直流接触器为 220V。

2. 额定电流

接触器的额定电流是指接触器铭牌上主触头的电流。接触器电流等级为 6A、10A、16A、25A、40A、60A、100A、160A、250A、400A、600A、1000A、1600A、2500A 及 4000A。

3. 线圈额定电压

对于接触器吸引线圈的额定电压而言，交流接触器有 36V、110V、117V、220V、380V 等；直流接触器有 24V、48V、110V、220V、440V 等。

4. 额定操作频率

交流接触器的额定操作频率是指接触器在额定工作状态下每小时通、断电路的次数。交流接触器一般为每小时 300~600 次，直流接触器的额定操作频率比交流接触器要高，可达到每小时 1200 次。

1.3.3　接触器的选择

1. 额定电压的选择

接触器的额定电压不小于负载回路的电压。

2. 额定电流的选择

一般接触器的额定电流不小于被控回路的额定电流。对于电动机负载，额定电流可按经验公式计算，即

$$I_c = \frac{P_N \times 10^3}{kU_N} \tag{1-1}$$

式中　　k——经验系数。

通常取 $k=2.5$，若电动机起动频繁，则取 $k=2$。

3. 吸引线圈的额定电压

吸引线圈的额定电压与所接控制电路的电压相一致。

此外，接触器的选用还应考虑接触器所控制负载的轻重和负载电流的类型。

接触器使用注意事项：

• 接触器不允许在去掉灭弧罩的情况下使用，因为这样可能因触头分断时电弧互相连接而造成相间短路事故。用陶土制成的灭弧罩易碎，拆装时应小心，避免碰撞造成损坏。

• 若接触器已不能修复，应予更换，更换前应检查接触器的铭牌和线圈标牌上标出的参数。换上去的接触器的有关数据应符合技术要求，有些接触器还需要检查和调整触头的开距、超程、压力等，使各个触头动作同步。

• 接触器工作条件恶劣时（如电动机频繁正、反转），接触器额定电流应选大一个等级。

• 避免异物落入接触器内，因为异物可能使动铁心卡住而不能闭合，磁路留有气隙时，线圈电流很大，时间长了会因电流过大而烧毁。

1.4　继电器

1.4.1　继电器的继电特性

继电器是一种小信号自动控制电器，它利用电流、电压、速度、时间、温度等物理量的预定值作为控制信号来接通和分断电路。实质上，继电器是一种传递信号的电器。它根据特定形式的输入信号动作，从而达到控制信号的目的。

继电器由感应机构、中间机构和执行机构三部分组成。感应机构反映的是继电器的输入量，并将输入量传递给中间机构，中间机构将它与预定量（即整定值）进行比较，当达到整定值时，就使执行机构产生输出量，从而接通或分断电路。

继电器的工作特点是具有跳跃式的输入输出特性，其特性曲线如图 1-10 所示。在继电器输入量 X 由零增至一定值之

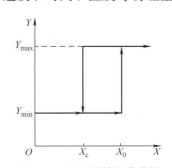

图 1-10　继电器特性曲线图

前，即在 $X < X_0$ 时，继电器输出量 $Y=Y_{min}$。当输入量 X 增加到 X_0 时，继电器吸合，输出量 Y 突变为 Y_{max}；若 X 继续增大，Y 保持不变（$Y=Y_{max}$）。当输入 X 减小，在 $X > X_c$ 时，输出量 Y 保持不变（$Y=Y_{max}$）。当输入量降低至 X_c 时，继电器释放，输出量 Y 由 Y_{max} 突变为 Y_{min}；若 X 继续减小，Y 保持不变（$Y=Y_{min}$）。

继电器的种类很多，按用途分类，有控制继电器和保护继电器；按动作原理分类，有电磁式继电器、感应式继电器、电动式继电器、电子式继电器和热继电器等；按输入信号的不同分类，有电压继电器、中间继电器、电流继电器、时间继电器、速度继电器等。下面主要介绍常用的电磁式继电器、时间继电器、热继电器和速度继电器。

1.4.2　电磁式继电器

电磁式继电器是应用最多的一种继电器，主要由电磁机构和触点系统组成，其原理如图 1-11 所示。由于继电器用于控制电路，故流过触点的电流比较小，不需要灭弧装置。电磁式继电器的电磁机构由线圈 1、铁心 2 和衔铁 7 组成。它的触点一般为桥式触点，有常开和常闭两种形式。另外，为了实现继电器动作参数的改变，继电器一般还具有调节弹簧松紧和改变衔铁打开后气隙大小的装置，如通过调节螺钉 6 来调节弹簧 4 的反作用力的大小，即可调节继电器的动作参数值。当电路正常工作时，弹簧 4 的反作用力大于电磁吸力，衔铁 7 不动作，若通过线圈 1 的电流超过某一定值时，弹簧 4 的反作用力小于电磁吸力，衔铁 7 吸合，这时常闭触点 9 断开，常开触点 10 闭合，从而实现电路控制。

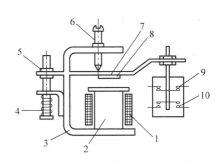

图 1-11　电磁式继电器原理图

1—线圈　2—铁心　3—磁轭　4—弹簧
5—调节螺母　6—调节螺钉　7—衔铁
8—非磁性垫片　9—常闭触点
10—常开触点

电磁式继电器电气符号如图 1-12 所示。常用的电磁式继电器有电流继电器、电压继电器和中间继电器。

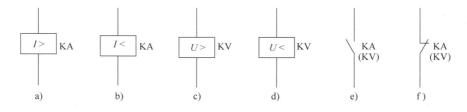

图 1-12　电磁式继电器电气符号

a）过电流　b）欠电流　c）过电压　d）欠电压　e）常开触点　f）常闭触点

1. 电磁式电流继电器

电磁式电流继电器主要用于过载及短路保护，它反映的是电流信号。在使用时，电磁式电流继电器的线圈和负载串联，其线圈匝数少、导线粗、阻抗小。由于线圈上的压降很小，不会影响负载电路的电流。常用的电磁式电流继电器有欠电流继电器和过电流继电器两种。

电路正常工作时，欠电流继电器的衔铁是吸合的，其常开触点闭合，常闭触点断开。当电路电流减小到某一整定值以下时，欠电流继电器衔铁释放，控制电路失电，对电路起欠电流保护作用。欠电流继电器的吸引电流为线圈额定电流的 30%~65%，释放电流为线圈额定电流的 10%~20%。

电路正常工作时，过电流继电器不动作，当电路中电流超过某一整定值时，过电流继电器衔铁吸合，触点系统动作，控制电路失电，从而控制接触器及时分断电路，对电路起过电流保护作用。整定范围通常为 1.1~1.4 倍额定电流。

2. 电磁式电压继电器

电磁式电压继电器的结构与电磁式电流继电器相似，不同的是电磁式电压继电器反映的是电压信号。它的线圈为并联的电压线圈，因此匝数多、导线细、阻抗大。按吸合电压的大小，电磁式电压继电器可分为过电压继电器和欠电压继电器。

过电压继电器用于电路的过电压保护，当被保护电路的电压正常工作时，衔铁释放；当被保护电路的电压达到过电压继电器的整定值（额定电压的 110%~115%）时，衔铁吸合，触点系统动作，控制电路失电，从而保护电路。

欠电压继电器用于电路的欠电压保护，当被保护电路的电压正常工作时，衔铁吸合；当被保护电路的电压降至欠电压继电器的释放整定值时，衔铁释放，触点系统复位，控制接触器及时分断被保护电路。欠电压继电器在电路电压为额定电压的 40%~70% 时释放。

3. 电磁式中间继电器

电磁式中间继电器实质上也是一种电压继电器。它触点对数多且容量较大（额定电流为 5~10A），可以将一个输入信号变成多个输出信号或将信号放大（即增大触头容量）。电磁式中间继电器的主要用途是当其他继电器的触点数量或触点容量不够时，可借助电磁式中间继电器扩大它们的触点数量或触点容量，起到信号中转的作用。

电磁式中间继电器体积小，动作灵敏度高，并在 10A 以下电路中可代替接触器起控制作用。通常依据被控电路的电压等级和触点的数目、种类及容量选用中间继电器。

1.4.3　时间继电器

时间继电器是一种利用电磁原理或机械动作原理实现触点延时接通或断开的电器。时间继电器主要作为辅助电气组件用于各种电气保护及自动装置中，使被控组件达到所需要的延时效果，应用十分广泛。时间继电器种类很多，按其动作原理可分为电磁式、空气阻尼式、电动式、电子式等几种类型。按延时方式可分为通电延时型与断电延时型两种。

1. 空气阻尼式时间继电器

空气阻尼式时间继电器也称为气囊式时间继电器，它利用空气阻尼作用来达到延时的目的，由电磁机构、延时机构和触点系统三部分组成。空气阻尼式时间继电器的电磁机构有交流和直流两种，延时方式有通电延时型和断电延时型（改变电磁机构位置，将电磁铁翻转 180° 安装）。当动铁心（衔铁）位于静铁心和延时机构之间时为通电延时型；当静铁心位于动铁心和延时机构之间时为断电延时型。空气阻尼式时间继电器动作原理如图 1-13 所示。

图 1-13a 为断电延时型时间继电器。当线圈 1 通电后，衔铁 4 连同推板 5 被静铁心 2 吸合，微动开关 15 推上，从而使触点迅速转换。同时在空气室内与橡皮膜 9 相连的顶杆 6 也迅速向上移动，带动杠杆 14 左端迅速上移，微动开关 13 的常开触点闭合，常闭触点断开。当线圈断电时，微动开关 13 迅速复位，在空气室内与橡皮膜 9 相连的顶杆 6 在弹簧 8 作用下也向下移动，由于橡皮膜 9 下方的空气稀薄形成负压，起到空气阻尼的作用，故而顶杆 6 只能缓慢地向下移动，移动速度由进气孔 11 的大小而定，可通过调节螺钉 10 调整顶杆 6 的移动速度。经过一段延时后，活塞 12 才能移到最下端，并通过杠杆 14 压动微动开关 13，使其常开触点断开，常闭触头闭合，起到延时闭合的作用。

图 1-13b 为通电延时型时间继电器。当线圈 1 通电时，其延时常开触点要延时一段时间才闭合，常闭触点要延时一段时间才断开；当线圈 1 失电时，其延时常开触点迅速断开，延时常闭触点迅速闭合。

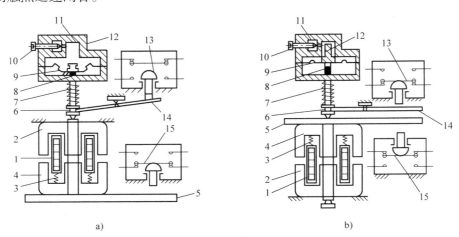

a)　　　　　　　　　　　　　　　　　b)

图 1-13　空气阻尼式时间继电器动作原理

a）断电延时型　b）通电延时型

1—线圈　2—静铁心　3、7、8—弹簧　4—衔铁　5—推板　6—顶杆
9—橡皮膜　10—调节螺钉　11—进气孔　12—活塞　13、15—微动开关　14—杠杆

空气阻尼式时间继电器的优点是结构简单、延时范围大、寿命长、价格低廉；缺点是准确度低、延时误差大，在延时精度要求高的场合不宜采用。

2. 直流电磁式时间继电器

在直流电磁式电压继电器的铁心上增加阻尼铜套，即可构成一个时间继电器。当线圈通电时，由于衔铁处于释放位置，气隙大，磁场大，磁通小，铜套的阻尼作用相对就小，因此衔铁吸合时延时不显著；而当线圈断电时，磁通变化量大，铜套的阻尼作用也大，使衔铁延时释放，从而起到延时作用。带有阻尼铜套的铁心结构如图 1-14 所示。

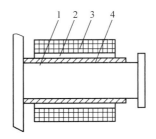

图 1-14　带有阻尼铜套的铁心结构图

1—铁心　2—阻尼铜套
3—线圈　4—绝缘层

直流电磁式时间继电器结构简单，可靠性高，寿命长。这种时间继电器仅用作断电延时，其延时时间较短，最长不超过 5s，而且准确度较低，一般只用于延时

精度要求不高的场合。

3. 电子式时间继电器

电子式时间继电器也称为半导体式时间继电器，常用的有阻容式时间继电器。电子式时间继电器是利用 RC 电路电容器充电时，电容器上的电压逐渐上升的原理作为延时基础的。因此，改变充电电路的时间常数（改变电阻值），即可整定其延时时间。电子式时间继电器工作原理如图 1-15 所示。

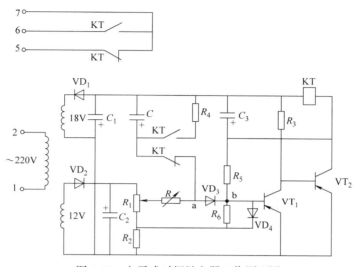

图 1-15　电子式时间继电器工作原理图

电子式时间继电器具有延时范围广、精度高、体积小、耐冲击、耐振动、调节方便及寿命长等优点。

4. 时间继电器的型号选用及电气符号

时间继电器形式多样，各具特点，选择时应从以下几方面考虑：根据控制电路对延时触点的要求选择延时方式，即通电延时型或断电延时型；根据延时范围和精度、使用场合、工作环境等选择时间继电器的类型。

时间继电器的电气符号如图 1-16 所示。

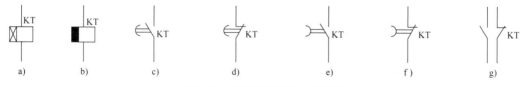

图 1-16　时间继电器的电气符号

a）通电延时线圈　b）断电延时线圈　c）通电延时闭合的常开触点　d）通电延时断开的常闭触点
e）断电延时断开的常开触点　f）断电延时闭合的常闭触点　g）瞬时常开、常闭触点

1.4.4　热继电器

热继电器是利用电流的热效应原理工作的保护电器，主要用于电动机的过载保护及对其他电气设备发热状态的控制。

1. 热继电器的工作原理

热继电器的测量组件通常采用双金属片，由两种具有不同线膨胀系数的金属片以机械碾压方法形成一体。主动层采用膨胀系数较高的铁镍铬合金，被动层采用膨胀系数很低的铁镍合金。当双金属片受热后将向被动层方向弯曲，当弯曲到一定程度时，通过动作机构使触点动作。图 1-17 为热继电器动作原理示意图，发热元件 2 通电发热后，双金属片 1 受热向左弯曲，使推动导板 3 向左推动执行机构发生一定的运动。电流越大，执行机构的运动幅度越大。当电流大到一定程度时，执行机构发生跃变，即触点发生动作，从而切断主电路。

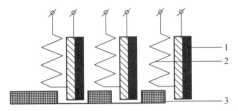

图 1-17　热继电器动作原理示意图
1—双金属片　2—发热元件　3—推动导板

2. 热继电器的常用型号及电气符号

热继电器是专门用于对连续运行的电动机实现过载及断相保护，以防电动机因过热而烧毁的一种保护电器。在三相异步电动机电路中，热继电器有两相和三相两种结构，三相结构中又分为带断相保护装置和不带断相保护装置两种。

热继电器实物图形及电气符号如图 1-18 所示。

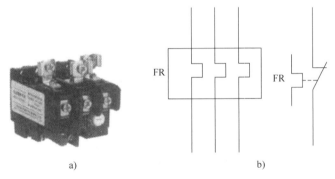

FR　　　　　　FR

a)　　　　　　　　　　　　　b)

图 1-18　热继电器实物图形及电气符号
a）实物图形　b）热元件及常闭触点的电气符号

3. 热继电器的选择

在使用热继电器时应考虑电动机的特性、负载性质、起动情况、工作环境等因素，具体应按以下几个方面选择。

1）热继电器的型号及热元件的额定电流等级应根据电动机的额定电流确定。热元件的额定电流应大于或略大于被保护电动机的额定电流。

2）三角形联结的电动机应选用带断相保护装置的三相结构形式的热继电器；星形联结的电动机可选用两相或三相结构形式的热继电器。

3）双金属片热继电器一般用于轻载或不频繁起动的过载保护。对于重载或频繁起动的电动机，应选用过电流继电器或能反映绕组实际温度的温度继电器进行保护，不宜选用双金属片热继电器，因为电动机在运行过程中不断重复升温，热继电器双金属片的温升跟不上电动机绕组的温升，所以电动机将得不到可靠的过载保护。

1.4.5　速度继电器

速度继电器是根据电磁感应原理制成的，主要用于笼型异步电动机的反接制动，也称为反接制动继电器。

速度继电器主要由定子、转子和触点三部分组成。定子的结构与笼型异步电动机相似，是由硅钢片叠成的，并在其中装有笼型绕组，转子是一个圆柱形永久磁铁，图 1-19 为速度继电器的结构原理图。

速度继电器的转子与电动机同轴相连，用以接收转动信号。当电动机转动时，速度继电器的转子随之转动，在气隙中形成一个旋转磁场，绕组 1 切割磁场产生感应电动势和电流，此电流和永久磁铁的磁场作用产生转矩，使定子向转动的方向偏摆，通过定子推动触点动作，使

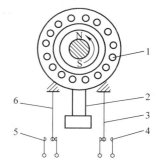

图 1-19　速度继电器的结构原理图

1—绕组　2—摆锤
3、6—簧片　4、5—静触点

常闭触点断开、常开触点闭合。当电动机转速下降到接近零时，转矩减小，摆锤 2 在簧片 3、6 力的作用下恢复原位，触点也会复位。

速度继电器的动作转速为 120r/min，触点的复位转速在 100r/min 以下，转速在 3000~3600r/min 以下能可靠地工作。应根据被控电动机的控制要求、额定转速等合理选择速度继电器。

速度继电器的图形符号和文字符号如图 1-20 所示。

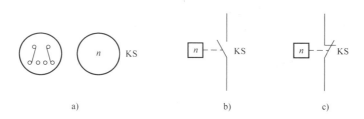

图 1-20　速度继电器的图形符号和文字符号

a）继电器转子　b）常开触点　c）常闭触点

1.5　熔断器

熔断器是一种当电流超过规定值一定时间后，以它本身产生的热量使熔体熔化而分断电路的电器，并且广泛应用于低压配电系统和控制系统及用电设备中，作短路和过电流保护。

1.5.1　熔断器的结构及工作原理

熔断器主要由熔体、熔断管（座）、填料及导电部件等组成。熔体是熔断器的主要部分，常做成丝状、片状、带状或笼状。其材料有两类：一类为低熔点材料，如铅、锡的合金，锑、铝合金，锌等；另一类为高熔点材料，如银、铜、铝等。熔断器接入电路时，熔体串接在电路中，负载电流流经熔体，当电路发生短路或过电流时，通过熔体的电流使其发热，当达到熔体金属熔化温度时就会自行熔断，期间伴随着燃弧和熄弧过程，随之切断

故障电路，起到保护作用。当电路正常工作时，熔体在额定电流下不应熔断，所以其最小熔化电流必须大于额定电流。目前广泛应用的填料是石英砂，它既是灭弧介质，又能起到帮助熔体散热的作用。

1.5.2　熔断器的图形符号与文字符号

熔断器的种类很多，按结构分为半封闭瓷插式、螺旋式、无填料密封管式和有填料密封管式；按用途分为一般工业用熔断器、半导体保护用快速熔断器和特殊熔断器。

图 1-21 为螺旋式熔断器的结构图。图 1-22 为无填料密封管式熔断器外形和结构。图 1-23 为有填料密封管式熔断器外形和结构。

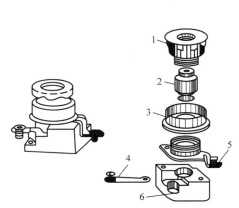

图 1-21　螺旋式熔断器结构图

1—瓷帽　2—熔断管　3—瓷套　4—下接线端
5—上接线端　6—底座

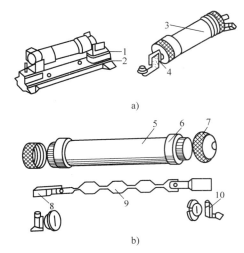

图 1-22　无填料密封管式熔断器外形和结构

a）外形　b）结构

1、4、10—夹座　2—底座　3—熔断器　5—硬质绝缘管
6—黄铜套管　7—黄铜帽　8—插刀　9—熔体

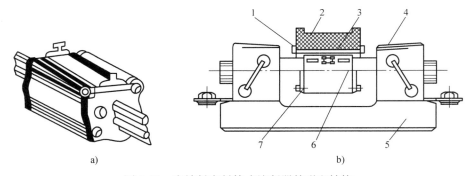

图 1-23　有填料密封管式熔断器外形和结构

a）熔断器外形　b）结构

1—熔断指示器　2—石英砂填料　3—熔体　4—插刀　5—底座　6—熔体　7—熔管

熔断器的图形及文字符号如图 1-24 所示。

1.5.3 熔断器的选择

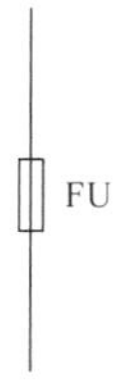

熔断器的选择主要包括选择熔断器的类型、额定电压、额定电流和熔体额定电流等。

FU

图 1-24 熔断器的图形及文字符号

1. 熔断器的选择原则

选择熔断器时应遵循如下原则：

1）根据使用条件确定熔断器的类型。

2）选择熔断器的规格时，应先选定熔体的规格，然后根据熔体规格选择熔断器的规格。

3）熔断器的保护特性应与被保护对象的过载特性有良好的配合。

4）在配电系统中，各级熔断器应相互匹配，一般上一级熔体的额定电流要比下一级熔体的额定电流大 2~3 倍。

5）对于保护电动机的熔断器，应注意电动机起动电流的影响。熔断器一般只作为电动机的短路保护，过载保护应采用热继电器。

6）熔断器的额定电流应不小于熔体的额定电流；额定分断能力应大于电路中可能出现的最大短路电流。

2. 一般熔断器的选择

（1）熔断器类型的选择

在选择熔断器时，主要根据负载的情况和短路电流的大小来选择其类型。例如，对于容量较小的照明电路或电动机的保护，宜采用插入式熔断器或无填料密封管式熔断器；对于短路电流较大的电路或有易燃气体的场合，宜采用具有高分断能力的螺旋式熔断器或有填料密封管式熔断器；对于保护硅整流器件及晶闸管的场合，应采用快速熔断器。

此外，也要考虑使用环境。例如，管式熔断器常用于大型设备及容量较大的变电场合；插入式熔断器常用于无振动的场合；螺旋式熔断器多用于机床配电；电子设备一般采用熔丝座。

（2）熔断器额定电压的选择

熔断器的额定电压应大于或等于所接电路的额定电压。

（3）熔体额定电流的选择

熔体额定电流的大小与负载大小、负载性质有关。对于负载平稳无冲击电流的照明电路、电热电路等，可按负载电流大小确定熔体的额定电流；对于有冲击电流的电动机负载电路，为起到短路保护作用，又同时保证电动机的正常起动，其熔断器熔体额定电流的选择又分为以下三种情况。

1）对于单台长期工作的电动机，有

$$I_{NP}=（1.5~2.5）I_{NM} \tag{1-2}$$

式中 I_{NP}——熔体额定电流，单位为 A；

I_{NM}——电动机额定电流，单位为 A。

2）对于单台频繁起动的电动机，有

$$I_{NP}=（3~3.5）I_{NM} \tag{1-3}$$

3）对于多台电动机共享同一熔断器保护时，有

$$I_{NP}=（1.5~2.5）I_{NMmax}+\sum I_{NM} \tag{1-4}$$

式中　I_{NMmax}——多台电动机中容量最大一台电动机的额定电流，单位为 A；

　　　$\sum I_{NM}$——其余各台电动机额定电流之和，单位为 A。

在式（1-2）与式（1-4）中，对轻载起动或起动时间较短时，式中系数取 1.5；重载起动或起动时间较长时，系数取 2.5。

（4）熔断器额定电流的选择

当熔体额定电流确定后，根据熔断器额定电流大于或等于熔体额定电流来确定熔断器额定电流。每一种电流等级的熔断器可以选配多种不同电流的熔体。

1.6　开关电器

开关电器是低压电器中极为常见的一种，常用的开关电器有断路器、刀开关、负荷开关、转换开关等，其作用都是分合电路，通断电流。开关电器通常分为有载运行操作、无载运行操作、选择性运行操作三种，也可分为正面操作和背面操作，还可以分为带灭弧和不带灭弧。下面着重介绍常用的刀开关、转换开关、断路器等开关电器。

1.6.1　刀开关

刀开关是一种结构最简单、广泛应用在低压电路中的一类手动电器。主要用于不频繁接通和分断电路，将电路与电源隔离。刀开关的种类很多，外形结构各异，按刀的极数可分为单极、双极和三极；按刀的转换方向可分为单掷和双掷；按灭弧情况可分为带灭弧罩和不带灭弧罩；按连线方式可分为板前接线式和板后接线式。

1. 开启式负荷开关

开启式负荷开关适用于照明和小容量电动机控制电路中，供手动接通和分断电路，并起短路保护作用。其结构及图形、文字符号如图 1-25 所示。

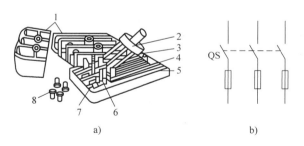

图 1-25　开启式负荷开关结构及图形、文字符号

a）结构　b）图形、文字符号

1—胶盖　2—瓷质手柄　3—动触头　4—出线座　5—瓷底座　6—静触头　7—进线座　8—胶盖紧固螺钉

开启式负荷开关由刀开关和熔丝组合而成。瓷底板上装有进线座、静触头、熔丝、出线座和刀片式的动触头，上面罩有两块胶盖。这样，操作人员不会触及带电部分，并且分断电路时产生的电弧也不会飞出胶盖外面而灼伤操作人员。安装时，刀开关在合闸状态下手柄应该向上，不能倒装和平装，以防止闸刀松动落下时误合闸。接线时，应将电源线接在上端，负载接在熔丝下端。这样拉闸后刀开关与电源隔离，便于更换熔丝。

刀开关的主要技术参数有长期工作所承受的最大电压及额定电压，长期通过的最大允许电流及额定电流，以及分断能力等。

2. 封闭式开关熔断器组

封闭式开关熔断器组，用于非频繁起动、28kW 以下的三相异步电动机。常用封闭式开关熔断器组外形如图 1-26 所示，其图形符号和文字符号与开启式负荷开关相同。封闭式开关熔断器组开关由钢板外壳、触刀、操作机构、熔丝、灭弧装置等组成。操作机构装有机械联锁，以保证操作安全。在操作机构中，在手柄转轴与底座间装有速动弹簧，这样有利于迅速灭弧。

封闭式开关熔断器组适用于各种配电设备中，具有短路保护功能。使用封闭式开关熔断器组时，外壳应可靠接地，防止意外漏电造成触电事故。

选用刀开关时，刀的极数要与电源进线相数相等；刀开关的额定电压应大于所控制的电路额定电压；刀开关的额定电流应大于负载的额定电流。

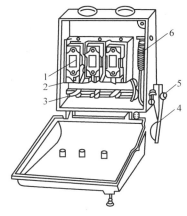

图 1-26　封闭式开关熔断器组的结构图
1—触刀　2—夹座　3—熔断器
4—速断弹簧　5—转轴　6—手柄

1.6.2　转换开关

转换开关又称组合开关，一般用于电气设备中不频繁通断电路、换接电源和负载，小容量电动机不频繁起停控制。组合开关也是一种刀开关，不过它的刀片是转动的，操作比较轻巧。组合开关在机床电气设备中用作电源引入开关，也可用来直接控制小容量三相异步电动机的非频繁正、反转。

转换开关由动触头、静触头、方形转轴、手柄、定位机构和外壳组成。它的动触头分别叠装于数层绝缘座内，其内部结构示意如图 1-27 所示。当转动手柄时，每层的动触片随方形转轴一起转动，并使静触头插入相应的动触片中，接通电路。

转换开关有单极、双极与多极之分，其图形、文字符号如图 1-28 所示。

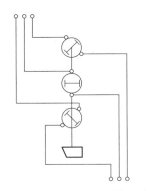

图 1-27　转换开关内部结构示意图

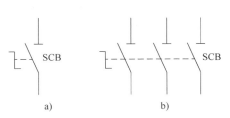

图 1-28　转换开关的符号
a）单极　b）三极

1.6.3　低压断路器

低压断路器曾被称为空气开关或自动开关。它相当于刀开关、熔断器、热继电器、过电流继电器和欠电压继电器的组合，是一种既有手动开关作用，又能自动进行欠电压、失电压、过载和短路保护的电器。它是低压配电网络中非常重要的保护电器，在正常条件下，也可用于不频繁地接通和分断电路及频繁地起动电动机。低压断路器与接触器不同的是接触器允许频繁地接通和分断电路，但不能分断短路电流；而低压断路器不仅可分断额定电流、一般故障电流，还能分断短路电流，但单位时间内允许的操作次数较低。

低压断路器具有多种保护功能（过载、短路、欠电压保护等）、动作值可调、分断能力高、操作方便、安全等优点，所以目前被广泛地应用。

低压断路器按其用途及结构特点可分为万能式（曾称框架式）、塑料外壳式、直流快速式和限流式等。万能式断路器主要用于配电网络的保护开关，而塑料外壳式断路器除用于配电网络的保护开关外，还可用于电动机、照明电路及热电电路等的控制开关。有的低压断路器还带有漏电保护功能。

1. 低压断路器的结构和工作原理

低压断路器由操作机构、触头、保护装置（各种脱扣器）、灭弧系统等组成。低压断路器的工作原理如图 1-29 所示。

低压断路器的主触头是靠手动操作或电动合闸的。主触头闭合后，自由脱扣机构将主触头锁在合闸位置上。过电流脱扣器的线圈和热脱扣器的热组件与主电路串联，欠电压脱扣器的线圈和电源并联。当电路发生短路或严重过载时，过电流脱扣器 3 的衔铁吸合，使自由脱扣机构 2 动作，主触头 1 断开主电路。当电路过载时，热脱扣器 5 的热组件发热使双金属片向上弯曲，推动自由脱扣机构动作。当电路欠电压时，欠电压脱扣器 6 的衔铁释放，也使自由脱扣机构动作。分励脱扣器 4 则作为远距离控制用，在正常工作时，其线圈是断电的，在需要远距离控制时，按下起动按钮 7，使线圈通电，衔铁带动自由脱扣机构 2 动作，使主触头 1 断开。

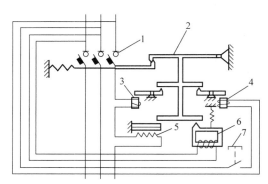

图 1-29　低压断路器工作原理图
1—主触头　2—自由脱扣机构　3—过电流脱扣器
4—分励脱扣器　5—热脱扣器 .
6—欠电压脱扣器　7—起动按钮

2. 低压断路器的选用

1）断路器的额定电压和额定电流应大于或等于线路、设备的正常工作电压和工作电流。

2）断路器的极限通断能力大于或等于电路最大短路电流。

3）欠电压脱扣器的额定电压等于线路的额定电压。

4）过电流脱扣器的额定电流大于或等于线路的最大负载电流。

低压断路器的图形、文字符号如图 1-30 所示。

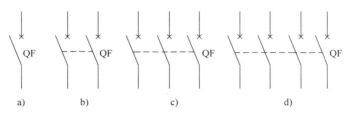

图 1-30　低压断路器的图形、文字符号

a）单极　b）双极　c）三极　d）四极

1.7　主令电器

主令电器是在自动控制系统中发出指令或信号，使接触器、继电器或其他电器动作，以达到接通或分断电路目的的电器。主令电器应用广泛、种类繁多。按其作用可分为按钮开关、行程开关、接近开关、万能转换开关等。

1.7.1　按钮

按钮开关简称为按钮，是一种结构简单使用广泛的手动主令电器。按钮不直接控制电路的通断，而是在控制电路中发出指令去控制接触器、继电器等，再由它们去控制电路。按用途和结构的不同，又分为起动按钮、停止按钮、复合按钮等。

按钮由按钮帽、复位弹簧、桥式触头、外壳等组成。为了标明各个按钮的作用，避免误操作，通常将按钮帽做成不同的颜色以示区别，其颜色有红、绿、黑、蓝、灰、白等。一般红色表示"停止"和"急停"按钮；绿色表示"起动"按钮；黑色表示"点动"按钮；蓝色表示"复位"按钮；黑白、白色或灰色表示"起动"与"停止"交替动作的按钮。图 1-31 是按钮开关的外形与结构图，工作时常闭和常开触头是联动的，当按下按钮时，常闭触头先断开，常开触头随后闭合；松开按钮时，其动作过程与按下时相反。在分析实际控制电路过程时应特别注意的是，常闭触头和常开触头在改变工作状态时，先后有很短的时间差是不能被忽视的。

按钮电气符号如图 1-32 所示。

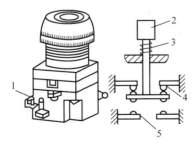

图 1-31　按钮开关的外形与结构

1—接线柱　2—按钮帽　3—复位弹簧
4—常闭触头　5—常开触头

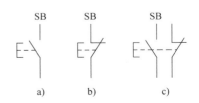

图 1-32　按钮的电气符号

a）常开触头　b）常闭触头　c）复合触头

按钮选用的规律如下：

1）根据使用场合和具体用途的不同要求，按照电器产品选用手册来选择不同品牌的不同型号和规格的按钮。

2）根据控制系统的设计方案对工作状态指示和工作情况要求合理选择按钮的颜色，如起动按钮选用绿色、停止按钮选用红色等。

3）根据控制回路的需要选择按钮的数量，如单联钮、双联钮和三联钮等。

1.7.2　万能转换开关

转换开关是一种多挡位、多段式、控制多回路的主令电器。它主要用于控制电路的转换及电气测量仪表的转换，也可用于控制小容量异步电动机的起动、换向及变速。由于其应用范围广、能控制多条回路，故称为万能转换开关。

转换开关按其结构分为普通型、开启型、防护型和组合型，按其用途可以分为主令控制和电动机控制两种，主要由触头系统、操作手柄、转轴、凸轮机构、定位机构等部件组成，用螺栓组装成整体。当操作手柄转动时，带动开关内部的凸轮转动，从而使触头按规定顺序闭合或断开。万能转换开关的结构示意图如图 1-33 所示。

按国标要求，转换开关在电路中的电气符号如图 1-34 所示，表中"×"表示闭合。

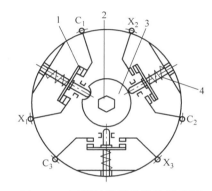

图 1-33　万能转换开关结构示意图
1—触头　2—转轴　3—凸轮　4—触头弹簧

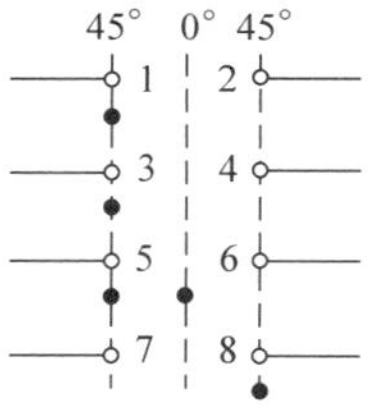

LW5-15D0403/2				
	触头编号	45°	0°	45°
⌐	1—2	×		
⌐	3—4	×		
⌐	5—6	×	×	
⌐	7—8			×

图 1-34　转换开关电气符号

转换开关的选用规律如下：

1）转换开关的额定电压应不小于安装地点线路的电压等级。

2）用于照明或电加热电路时，转换开关的额定电流应不小于被控制电路中的负载电流。

3）用于电动机电路时，转换开关的额定电流是电动机额定电流的 1.5~2.5 倍。

4）当操纵频率过高或负载的功率因数较低时，转换开关要降低容量使用，否则会影响开关寿命。

5）转换开关的通断能力差，控制电动机进行可逆运转时，必须在电动机完全停止转动后，才能反向接通。

1.7.3　主令控制器与凸轮控制器

1. 主令控制器

主令控制器（亦称主令开关）是一种按照预定程序转换控制电路接线的主令电器，用它在控制系统中发布命令，通过接触器实现对电动机的起动、制动、调速与反转控制。主令控制器由触头系统、操作机构、转轴、齿轮减速机构、凸轮、外壳等部件组成，它的控制对象是二次电路，其触头工作电流不大。

主令控制器按凸轮的结构形式可分为凸轮调整式和凸轮非调整式两种，动作原理与万能转换开关相同，都是靠凸轮来控制触头系统的分合。主令控制器的外形与内部结构如图1-35 所示。

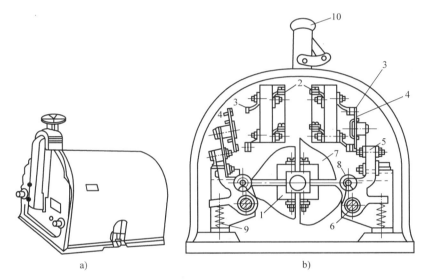

图 1-35　主令控制器外形及内部结构

a）外形　b）内部结构

1、7—凸轮块　2—接线柱　3—固定触点　4—桥式动触头　5—支杆　6—轴　8—小轮　9—弹簧　10—转动手柄

主令控制器的选用规律如下：

1）主要根据使用环境、所需控制的回路数、触头闭合顺序等进行选择。

2）安装前应操作手柄不少于 5 次。

3）投入运行前，应测量其绝缘电阻。

4）外壳上的接地螺栓应可靠接地。

5）应注意定期清除控制器内的灰尘。

6）不使用控制器时，手柄应停在零位。

2. 凸轮控制器

凸轮控制器是利用凸轮来操作动触头动作的控制器。主要用于控制容量不大于 30kW 的中小型绕线转子异步电动机的起动、停止、调速、反转和换向。在桥式起重机等设备中应用较多。

凸轮控制器主要由手柄（手轮）、触头系统、转轴、凸轮和外壳等组成，其结构如

图 1-36 所示。它的触头系统共有 12 对触头，9 对常开、3 对常闭。其中 4 对常开触头接在主电路中，用于控制电动机的正、反转，配有石棉水泥制成的灭弧罩，其余 8 对触头用于控制电路中。

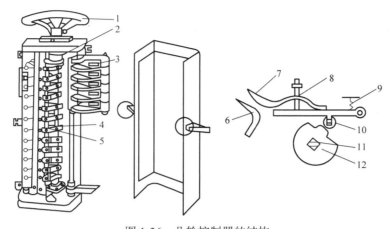

图 1-36 凸轮控制器的结构

1—手轮 2、11—转轴 3—灭弧罩 4、7—动触头 5、6—静触头
8—触头弹簧 9—弹簧 10—滚轮 12—凸轮

凸轮控制器的动触头和凸轮固定在转轴上，每个凸轮控制一个触头。当转动手柄时，凸轮随轴转动，当凸轮的凸起部分顶住滚轮时，动、静触头分开；当凸轮的凸处与滚轮相碰时，动触头受到触头弹簧的作用压在静触头上，动、静触头闭合。

凸轮控制器的图形符号、文字符合及触头通断表示方法如图 1-37 所示。

凸轮控制器的选用规律如下：

1）应根据所控制电动机的容量、额度电压、额定电流、工作制和控制位置数目等选择。

2）安装前应检查外壳及零件有无损坏。

3）安装前应操作控制器手轮不少于 5 次。

4）控制器必须牢固可靠地用安装螺钉固定在墙壁或支架上。

5）应按照触头分合表或电路图的要求接线。

6）凸轮控制器安装结束后，应进行空载试验。

7）起动操作时，手轮不能转动太快。

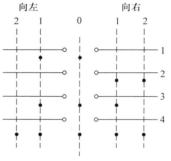

图 1-37 凸轮控制器的图形符号、
文字符合及触头通断表示方法

1.7.4 行程开关

行程开关又称为限位开关或位置开关，是一种利用生产机械中某些运动部件的碰撞发出指令控制触头动作的开关电器。

行程开关的结构分为操作机构、触头系统和外壳三个部分。行程开关按运动形式分为直动式、转动式（滚轮式）和微动式三种类型。行程开关内部结构如图 1-38~ 图 1-40 所示。

其动作原理是当运动部件的挡铁碰压行程开关的滚轮时，推杆连同转轴一起转动，使凸轮推动撞块，当撞块被压到一定位置时，推动微动开关快速动作，使其常闭触头断开，常开触头闭合。

行程开关动作后，复位方式有自动复位和非自动复位两种。直动式、滚轮式以及微动式均为自动复位式，但有的行程开关动作后不能自动复位，如双轮旋转式行程开关，只有运动机械反向移动，挡铁从相反方向碰压另一滚轮时，触头才能复位。

电气符号如图 1-41 所示。

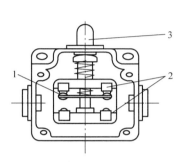

图 1-38 直动式行程开关结构

1—动触头 2—静触头 3—推杆

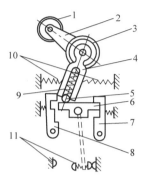

图 1-39 滚轮式行程开关结构

1、3—滚轮 2—上转臂 4—套架 5—滚珠
6—横板 7、8—压板 9、10—弹簧 11—触头

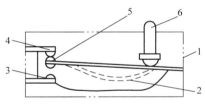

图 1-40 微动式行程开关结构

1—壳体 2—弓簧片 3—常开触头
4—常闭触头 5—动触头 6—推杆

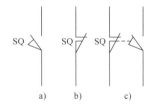

图 1-41 行程开关的型号含义与电气符号

a）常开触头 b）常闭触头 c）复合触头

行程开关选用规律如下：

1）根据使用场合和具体用途的不同要求，按照电器产品选用手册选择不同品牌的不同型号和规格的行程开关。实际选用时可直接查阅电器产品样本手册。

2）根据控制系统的设计方案对工作状态和工作情况的要求合理选择行程开关的数量。

1.7.5 接近开关

接近开关又称为无触头位置开关，是一种非接触型检测开关。它既有行程开关所具备的行程控制及限位保护特性，又可用于高速计数、液面控制、测速、检测零件尺寸、检测金属体的存在、无触头式按钮等。

接近开关按其工作原理可分为高频振荡型、电容型、霍尔型、超声波型、电磁感应型等，其中以高频振荡型最为常用。高频振荡型接近开关主要由高频振荡器、集成电路或晶体管放大器和输出三部分组成。它的工作原理如下：高频振荡器的线圈在开关的作用表面产生一个交变磁场，当有金属物体靠近感应头附近时，由于感应作用，该物体内部会产生涡流及磁滞损耗，以致振荡回路因电阻增大、能耗增加而使振荡减弱，直至停止振荡。检测电路根据振荡器的工作状态控制输出电路的工作，通过输出信号去控制继电器或其他电器，以达到控制的目的。

接近开关的电气符号如图 1-42 所示。

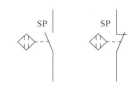

在一般的工业生产场所，通常都选用涡流式接近开关和电容式接近开关，因为这两种接近开关对环境的要求条件较低。当被测对象是导电物体或可以固定在一块金属物上的物体时，一般都选用涡流式接近开关，因为它的响应频率高、抗干扰性能好、应用范围广、性价比高。若所测对象是非金

图 1-42　接近开关的电气符号

属（或金属）、液位高度、粉状物高度、塑料、烟草等，则应选用电容式接近开关。这种开关的响应频率低，但稳定性好。无论选用哪种接近开关，都应注意对工作电压、负载电流、响应频率和检测距离等各项指标。

第 2 章

基本电气控制电路

2.1 电气控制系统图的绘制

电气控制是指继电器、接触器和其他低压电器组成的控制方式。电气控制电路是用导线将继电器、接触器等电器元件按一定的要求和方式连接起来，并能实现某种功能的电气电路，它能实现对电力拖动系统的起动、制动、调速和保护，从而满足生产工艺要求，实现生产过程的自动控制。电气控制系统是由电气控制元器件按一定要求连接而成。为了清晰地表达生产机械电气控制系统的工作原理，便于系统地安装、调整、使用和维修，将电气控制系统中的各电气元器件用一定的图形符号和文字符号表示，再将其连接情况用一定的图形表达出来，这种图形就是电气控制系统图。

常用的电气控制系统图有电气原理图、电器布置图和安装接线图。

2.1.1 电气控制系统图

在电气控制系统图中，电气元器件的图形符号、文字符号必须采用国家最新标准，即GB/T 4728—1996~2000《电气简图用图形符号》和 GB7159—1987《电气技术中的文字符号制定通则》。接线端子标记采用 GB4026—1992《电器设备接线端子和特定导线线端的识别及应用字母数字系统的通则》，并按照 GB6988—1993~2002《电气制图》的要求绘制电气控制系统图。部分常用的图形符号和文字符号见表 2-1。

2.1.2 电气原理图

电气原理图是用来表示电路各电气元器件中导电部件的连接关系和工作原理的图。该图不按电气元器件的实际位置来画，也不反映电气元器件的大小、安装位置，只用电气元器件的导电部件及其接线端钮按国家标准规定的图形符号表示电气元器件，再用导线将这些导电部件连接起来以反映其连接关系。所以电气原理图结构简单、层次分明、关系明确，适用于分析研究电路的工作原理，且可作为其他电路图的依据。

表 2-1 部分常用的电气图形符号和文字符号

名称		图形符号	文字符号	名称		图形符号	文字符号
一般三极开关			QS	按钮	起动		SB
					停止		
低压断路器			QF		复合		
行程开关	常开触头		SQ	热继电器	热元件		FR
	常闭触头				常闭触头		
	复合触头			接触器	线圈		KM
熔断器式负荷开关			QM		主触头		
直流并励电动机			M	照明变压器			T
三相笼型异步电动机			M	控制电路电源用变压器			TC
单相变压器			T	直流发电机			G
整流变压器				接近开关 常开触头			SP
				接触敏感开关 常开触头			SP

（续）

名称		图形符号	文字符号	名称		图形符号	文字符号
接触器	辅助常开触头		KM	继电器	线圈		K KV KI KA
	辅助常闭触头				常开触头		
速度继电器	常开触头		KS		常闭触头		
	常闭触头			时间继电器	通电延时型	线圈	KT
熔断器			FU			常闭触头	
熔断器式隔离开关			QS			常开触头	
转换开关			SA		断电延时型	线圈	
						常开触头	
桥式整流装置			VR			常闭触头	
蜂鸣器			H	电磁铁			YA
灯			HL	直流串励电动机			M
电阻器			R				
插头、插座			X				

现以图 2-1 所示某型普通车床电气原理图为例阐明绘制电气原理图的原则和注意事项。

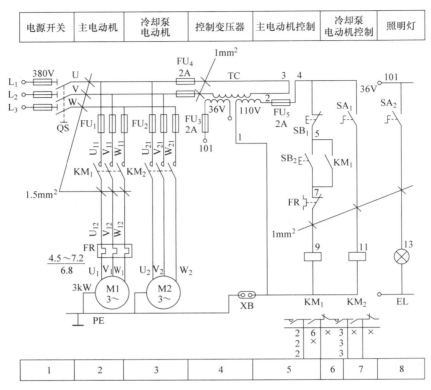

图 2-1　某型普通车床电气原理图

1. 绘制电气原理图的原则

1）电气原理图的绘制标准。图中所有的元器件都应采用国家统一规定的图形符号和文字符号。

2）电气原理图的组成。电气原理图由主电路和控制电路组成。主电路包括从电源到电动机的电路，是强电流通过部分，用粗线画在原理图的左侧。控制电路是通过弱电流的电路，一般由按钮、电器元件的线圈、接触器辅助触头等组成，用细线绘制在图的右侧。

3）原理图中电气元器件均不画实际的外形图，原理图中只画出其带电部件，同一电气元器件上的不同带电部件是按电路中的连接关系画出，但必须按国家标准规定的图形符号画出，并且用同一文字符号标明。对于几个同类电器，在表示名称的文字符号之后加上数字序号，如 KM₁、KM₂ 等。

4）电气原理图中电气触头的画法，均按没有外力作用时或未通电时触头的原始状态画出。

5）原理图应按功能布置，即同一功能的电气元器件集中在一起，尽可能按动作顺序从上到下或从左到右的原则绘制。

6）线路连接点、交叉点的绘制。在电路图中，对于需要测试和拆接的外部引线的端子，采用"空心圆"表示；有直接电联系的导线连接点，用"实心圆"表示；无直接电联系的导线交叉点不画黑圆点，但在电气图中尽量避免线条的交叉。

7）原理图绘制要求。原理图的绘制要层次分明，各电器元器件及触头的安排要合理，既要做到所用元器件、触头最少，耗能最少，又要保证电路运行可靠，节省连接导线以及安装、维修方便。

2. 电气原理图区域的划分

为了便于确定原理图的内容和组成部分在图中的位置，又利于读者检索电气电路，常在图面上分区。每个分区内竖边用大写的拉丁字母编号，横边（图区）用阿拉伯数字编号设置在图的上方或下方，并表明对应电路的功能。

3. 继电器、接触器触头位置的索引

在电气原理图中，继电器、接触器线圈的下方注有该继电器、接触器相应触头所在图中位置的索引代号，索引代号用图面区域号表示。其中左栏为常开触头所在图区号，右栏为常闭触头所在图区号。

4. 电气图中技术数据的标注

在电气图中，各电气元器件的相关数据和型号常在电气原理图中电器组件文字符号下方标注出来。如图 2-1 中热继电器文字符号 FR 下方标有 4.5~7.2A，该数据为该热继电器的动作电流值范围，而 6.8A 为该继电器的整定电流值。

2.1.3　元器件的布置图

电气元器件的布置图是用来表明电气原理图中各元器件的实际安装位置，为电气控制设备的制造、安装提供必要资料。元器件的布置应注意以下几个方面：

1）体积大和较重的元器件应安装在电器安装板的下方，而发热元器件应安装在电器安装板的上面。

2）强电、弱电应分开，弱电应屏蔽，防止外界干扰。

3）需要经常维护、检修、调整的元器件安装位置不宜过高或过低。

4）元器件的布置应考虑整齐、美观、对称。外形尺寸与结构类似的元器件应安装在一起，以利于安装和配线。

5）元器件的布置不宜过密，应留有一定间距。如用走线槽，加大各排元器件的间距，以利于布线和维修。

2.1.4　安装接线图

安装接线图主要用于电器的安装接线、线路检查、线路维修和故障处理，通常接线图与电气原理图和元器件布置图一起使用。接线图表示项目的相对位置、项目代号、端子号、导线号、导线型号和导线截面积等内容。接线图中的各个项目（如元器件、部件、组件和成套设备等）采用简化外形（如正方形、矩形、圆形）表示，简化外形旁应标注项目代号，并应与电气原理图中的标注一致。

2.2　三相异步电动机的基本控制电路

由继电器、接触器所组成的电气控制电路，称为继电器—接触器控制系统。该电路基本控制环节包括：点动与长动控制电路、正 / 反转控制电路、按顺序起停控制电路、自动往返控制电路、多点起停控制电路等。本节将重点介绍这些基本控制内容。

2.2.1 全压起动控制电路

电动机接通电源后，由静止状态逐渐加速到稳定运行状态的过程称为电动机的起动。全压起动，即是将额定电压直接加在电动机的定子绕组上，使电动机运转。在变压器容量允许的情况下，电动机应尽可能采用全压起动。这样，控制电路简单，提高了电路的可靠性，且减少了电气维修的工作量。

1. 手动起停控制电路

图 2-2 为用负荷开关或胶盖开关控制的电动机直接起动和停止控制电路，电路采用了熔断器 FU 作短路保护，电路能可靠工作。这种控制方式的特点是电气电路简单，但操作不方便、不安全，无过载、零压等保护措施，不能进行自动控制。

2. 自动起停控制电路

自动起停控制电路是一种用按钮进行起动和停止操作，可以连续运行的控制电路。自动起停控制电路又称长动电路，典型电路如图 2-3 所示。

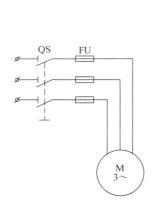

图 2-2　手动起停控制电路

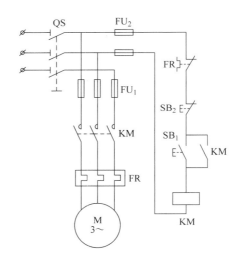

图 2-3　自动起停控制电路

自动起停控制电路分为主电路和控制电路两部分，主电路的电源引入采用了隔离开关 QS，电动机定子电流由接触器 KM 主触头的通、断来控制。控制电路的工作原理为：用起动按钮和停止按钮分别控制交流接触器线圈电流的通、断，通过电磁机构，带动触头的通、断，达到控制电动机起动、停止的目的。

电路控制分析：按下起动按钮 SB$_1$，接触器 KM 线圈通电自锁（辅助动合触头闭合）、主触头闭合，接通电动机电源电路，电动机 M 起动、连续运行。按下停止按钮 SB$_2$，接触器 KM 线圈断电，自锁回路断开，电动机停止。

与起动按钮 SB$_1$ 动合触头并联的接触器 KM 辅助动合触头称为自锁触头，KM 线圈通电后，KM 辅助动合触头闭合，将起动按钮 SB$_1$ 的动合触头旁路，松开可自动复位按钮 SB$_1$ 时，电流经 KM 自锁触头流通，该触头的闭合能在按钮 SB$_1$ 复位时，保持 KM 线圈不断电，在电路中实现自锁作用。

2.2.2　点动控制电路

在实际工作中，除要求电动机长期运转外，有时还需要短时或瞬时工作，称为点动。长动控制电路中的接触器线圈得电后能自锁，而点动控制电路却不能自锁，当机械设备要求电动机既能持续工作，又能方便瞬时工作时，电路必须同时具有长动和点动的控制功能，如图 2-4 所示。

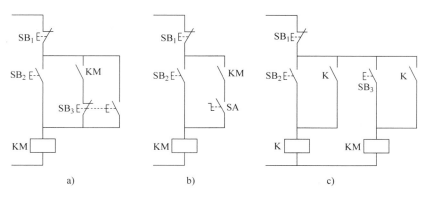

图 2-4　三相异步电动机的点动控制电路

图 2-4a 中，当按下按钮 SB_2 时，KM 线圈得电，其常开辅助主触头闭合，即可形成自锁，实现电动机长期工作；当按下按钮 SB_3 时，其常闭触头先断开 KM 自锁电路，常开触头再闭合，使得 KM 线圈得电，电动机转动。由于没有形成自锁，松开 SB_3 时按钮复位断开，KM 线圈断电，其主触头断开，电动机停止，因此可实现点动功能。

图 2-4b 中，增加了一个手动开关 SA。当需要点动时，将开关 SA 打开，操作 SB_2 即可实现点动控制。当需要连续控制时，将开关 SA 闭合，将 KM 的自锁触头接入，操作 SB_2 即可实现连续控制。

图 2-4c 中，增加了中间继电器 K。当需要点动控制时，按下按钮 SB_3，KM 线圈通电，主触头闭合，电动机转动。当松开 SB_3 时，KM 线圈断电，主触头断开，电动机停止转动。当需要连续控制时，按下 SB_2，线圈 K 得电，其常开辅助触头闭合，即可形成自锁，实现电动机长期工作。

2.2.3　正 / 反转控制电路

在生产设备中，很多运动部件需要两个相反的运动方向，如机床工作台的前进与后退、主轴的正转与反转、起重机吊钩的上升与下降等，这就要求电动机能实现正、反两个方向转动。由三相交流电动机工作原理可知，实现电动机反转的方法是将任意两根电源线对调。电动机主电路需要用两个交流接触器分别提供正转和反转两个不同相序的电源。

图 2-5 为正 / 反转控制电路，电路分为主电路和控制电路两部分。主电路中的两个交流接触器 KM_1 和 KM_2 分别构成正、反两个相序的电源接线。按照控制原理分析：按动正转起动按钮 SB_2，接触器 KM_1 线圈通电自锁，KM_1 主触头闭合，电动机正向转动；电动机正转过程中，按动停车按钮 SB_1，KM_1 线圈断电，自锁回路打开，主触头打开，电动机停转。按动反转按钮，交流接触器 KM_2 线圈通电自锁，KM_2 主触头闭合，电动机反向转动。

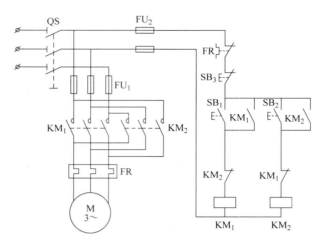

图 2-5　正 / 反转控制电路

　　若主电路中 KM_1 和 KM_2 的主触点同时闭合，将会造成主电路电源短路，因此本电路任何时刻只允许有一个接触器的触头闭合。实现这一控制要求的方法是分别将 KM_1，KM_2 动断触头串接在对方线圈电路中，形成相互制约的关系，简称为互锁控制（又称联锁控制）。

　　该电路欲使电动机经由正转进入反转或由反转进入正转，必须先按下停止按钮，然后再进行相反操作。这给设备操作带来一些不便。为了方便操作，提高生产效率，在图 2-5 的基础上增加了按钮联锁功能，如图 2-6 所示，方法是将正、反转按钮的动断触头串到对方电路中，利用按钮动合、动断触头的机械连接，在电路中起相互制约的联锁作用。如正转过程中，按动反转按钮 SB_2，SB_2 的动断触头使 KM_1 线圈断电（自锁打开），电动机正转停止，KM_1 动断触头复位，SB_2 的动合触头闭合，使 KM_2 线圈通电自锁，电动机实现反转。同理在反转过程中，按动正转按钮 SB_1 可以使 KM_2 线圈断电，KM_1 线圈通电，电动机进入正转。采用了按钮联锁，在电动机转动状态下，直接按动反向按钮，就可以进入相反方向的转动状态，不必操作停止按钮，简化了电路操作。双重互锁使电路更具有实用性。

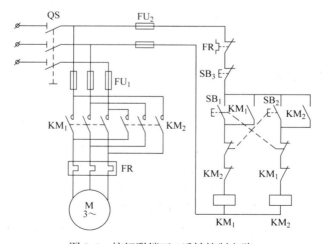

图 2-6　按钮联锁正 / 反转控制电路

2.2.4　顺序控制电路

生产机械或自动生产线由许多运动部件组成，不同运动部件之间有联系又互相制约。例如，电梯及升降机械不能同时上、下运行，机械加工车床的主轴必须在油泵电动机起动，并使齿轮箱有充分的润滑油后才能起动等。这就对电动机起动过程提出了顺序控制的要求，实现顺序控制要求的电路称为顺序控制电路（也称为联锁控制电路）。常用的顺序控制电路有两种，一种是主电路的顺序控制，另一种是控制电路的顺序控制。

1. 主电路顺序控制

主电路的顺序控制电路如图 2-7 所示。主电路中接触器 KM_2 的 3 个主触头串在接触器 KM_1 主触头的下方。故只有当 KM_1 闭合，电动机 M_1 起动后，KM_2 才能使 M_2 通电起动，满足电动机 M_1、M_2 顺序起动的要求。图中起动按钮 SB_1、SB_2 分别用于两台电动机的起动控制，按钮 SB_3 用于电动机同时停止控制。

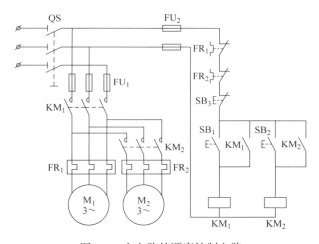

图 2-7　主电路的顺序控制电路

2. 控制电路的顺序控制

如果不在电动机主电路采用顺序控制连接，可以用控制电路来实现顺序控制的功能，如图 2-8a 所示。图中接触器 KM_2 的线圈串联在接触器 KM_1 自锁触头的下方，故只有当 KM_1 线圈通电自锁、电动机 M_1 起动后，KM_2 线圈才可能通电自锁，使电动机 M_2 起动工作；图中接触器 KM_1 的辅助动合触头具有自锁和顺序控制的双重功能。

图 2-8b 是将图 2-8a 控制电路中 KM_1 动合触头自锁和顺序控制的功能分开，专用一个 KM_1 辅助动合触头作为顺序控制触头，串联在接触器 KM_2 的线圈回路中；当接触器 KM_1 线圈通电自锁、动合触头闭合后，接触器 KM_2 线圈才具备通电工作的先决条件，同样可以实现顺序起动控制的要求。本控制电路的停止顺序，可以先按动停止按钮 SB_2，电动机 M_2 先停转；或按动停止按钮 SB_1，电动机 M_1、M_2 同时停转。

图 2-8c 电路除具有顺序起动控制功能以外，还能实现逆序停车的功能；图中接触器 KM2 动合触头并联在停车按钮 SB_1 动断触头两端，只有接触器 KM_2 线圈断电（电动机 M_2 停转）后，操作 SB_1 才能使接触器 KM_1 线圈断电，电动机 M_1 停转，实现逆序停车的控制要求。

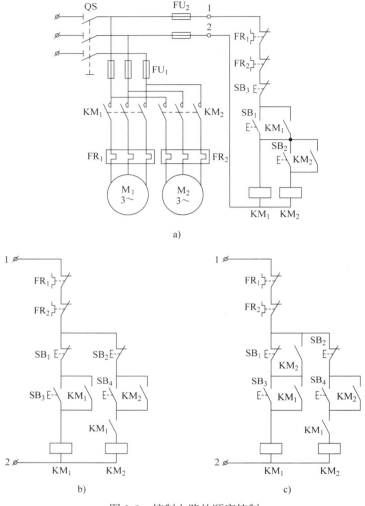

图 2-8   控制电路的顺序控制

2.2.5   多点控制电路

在大型设备上，为了操作方便，常要求能多地点进行控制操作；在某些机械设备上为保证操作安全，需要多个条件满足，设备才能开始工作，这样的控制要求可通过在电路中串联或并联电器的常闭触头和常开触头来实现。

图 2-9a 为多地点操作控制电路，KM 线圈的通电条件为按钮 SB$_2$、SB$_3$、SB$_4$ 的常开触头任一闭合，KM 辅助常开触头构成自锁，这里的常开触头并联构成逻辑或的关系，任一条件满足，接通电路；KM 线圈电路的切断条件为按钮 SB$_1$、SB$_5$、SB$_6$ 的常闭触头任一打开，常闭触头串联构成逻辑与的关系，其中任一条件满足，即可切断电路。

图 2-9b 为多条件控制电路，KM 线圈的通电条件为按钮 SB$_4$、SB$_5$、SB$_6$ 的常开触头全部闭合，KM 辅助常开触头构成自锁，即常开触头串联为逻辑与的关系，全部条件满足，接通电路；KM 线圈电路的切断条件为按钮 SB$_1$、SB$_2$、SB$_3$ 的常闭触头全部打开，即常闭触头并联构成逻辑或的关系，全部条件满足，即可切断电路。

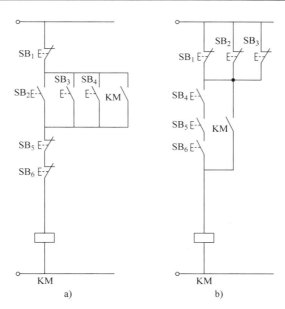

图 2-9　多地点和多条件控制电路

a）多地点操作控制电路　b）多条件控制电路

2.2.6　自动循环控制电路

机械设备中如机床的工作台、高炉的加料设备等均需在一定的距离内能自动往复不断循环，以实现所要求的运动。图 2-10 是机床工作台往返循环的控制电路，它实质上是用行程开关来自动实现电动机正、反转的。组合机床、铣床等的工作台常用这种电路实现往返循环。图中的行程开关应按要求安装在床身固定的位置上，反映加工终点与原位（即行程）的长短。当撞块压下行程开关时，其常开触头闭合，常闭触头打开。这其实是在一定行程的起点和终点用撞块压行程开关，以代替人工操作按钮。

合上电源开关 Q，按下正向起动按钮 SB_2，接触器 KM_1 得电动作并自锁，电动机正转使工作台前进，当运行到 SQ_2 位置时，其常闭触头断开，KM_1 线圈失电，电动机脱离电源，同时 SQ_2 常开触头闭合，使 KM_2 线圈通电，电动机实现反转，工作台后退。当撞块又压下 SQ_1 时，使 KM_2 线圈断电，KM_1 线圈又得电，电动机正转使工作台前进，这样可一直循环下去。

SB_1 为停止按钮，SB_2 与 SB_3 为不同方向的复合起动按钮。之所以用复合按钮，是为了满足改变工作台方向时，不按停止按钮便可直接操作的要求。限位开关 SQ_3 与 SQ_4 安装在极限位置。若由于某种故障使工作台到达 SQ_1 或 SQ_2 位置时未能切断 KM_2 或 KM_1，则工作台继续移动到极限位置，压下 SQ_3 或 SQ_4，此时可最终把控制电路断开，使电动机停止，避免工作台由于越出允许位置所导致的事故。因此 SQ_3 和 SQ_4 起极限位置保护作用。

上述这种用行程开关按照机床运动部件的位置或机件的位置变化所进行的控制，称为按行程原则的自动控制，或称行程控制。行程控制是机床和机床自动线应用最为广泛的控制方式之一。

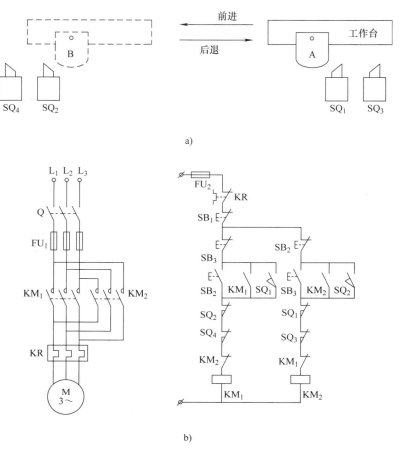

图 2-10　机床工作台往返循环控制电路

a）运动简图　b）控制电路

2.3　三相异步电动机的减压起动

一般起动时降低加在电动机定子绕组上的电压，起动后再将电压恢复到额定值，使之在正常电压下运行。电枢电流和电压成正比，所以降低电压可以减小起动电流，不至于在电路中产生过大的电压降，减少对电路电压的影响。

减压起动方法有定子电路串电阻（或电抗）、星形 - 三角形联结、自耦变压器、延边三角形和使用软起动器等。其中延边三角形方法已基本不用，常用的方法是星形 - 三角形减压起动和使用软起动器。

2.3.1　笼型异步电动机的星形 - 三角形减压起动控制电路

正常运行时定子绕组接成三角形，而且三相绕组 6 个抽头引出的笼型异步电动机常采用星形 - 三角形减压起动方法达到限制起动电流的目的。起动时，首先将定子绕组接成星形联结，待转速上升到接近额定转速时，将定子绕组的接线由星形联结成三角形联结，电动机便进入全电压正常运行状态。因功率在 4kW 以上的三相笼型异步电动机均为三角形联结，故都可以采用星形 - 三角形联结减压起动方法，如图 2-11 所示。

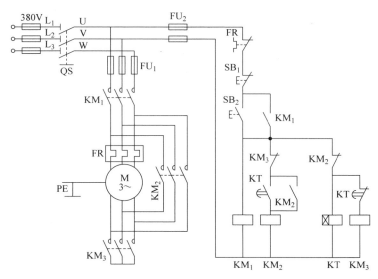

图 2-11　星形 - 三角形联结减压起动控制电路

图 2-11 中各电气元器件工作顺序见表 2-2。

表 2-2　各电气元器件工作顺序表

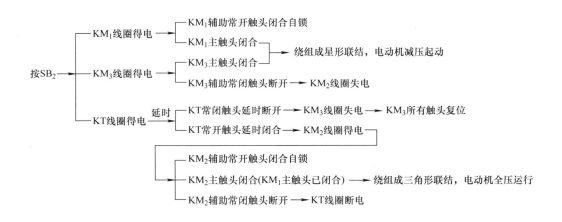

2.3.2　定子串电阻的减压起动控制电路

电动机定子绕组串电阻减压起动式电动机起动时，在三相定子绕组中串接电阻分压，使加在定子绕组上的电压降低，起动后再将电阻短接，电动机即可在全压下运行。这种起动方式不受接线方式的限制，设备简单，常用于中小型生产机械中。对于点动控制的电动机，也常用串电阻减压方式限制电动机起动时的电流。图 2-12 为定子绕组串电阻减压起动控制电路，工作过程中各电气元器件动作顺序见表 2-3。

表 2-3   定子绕组串电阻减压起动控制电路各电气元器件工作顺序表

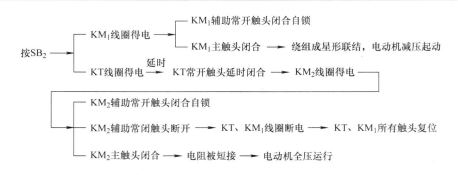

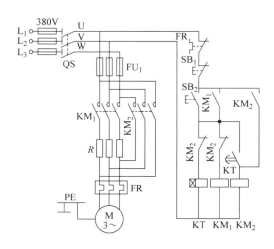

图 2-12   定子绕组串电阻减压起动控制电路

2.3.3   自耦变压器减压起动控制电路

在自耦变压器减压起动控制电路中，电动机起动电流的限制是靠自耦变压器减压实现的。电路的设计思想和串电阻起动电路基本相同，也是采用时间继电器完成电动机由起动到正常运行的自动切换，所不同的是起动时串接自耦变压器，起动结束时自动将其切除。

自耦变压器减压起动的优点是起动时对电网的电流冲击小，功率损耗小。缺点是自耦变压器结构相对复杂，价格较高。这种方式主要用于负载容量大、正常运行时定子采用星形联结而不能采用星形 - 三角形减压起动的笼型异步电动机，以减小起动电流对电网的影响。自耦变压器（补偿器）减压起动分手动控制和自动控制两种。工厂常采用 XJ01 系列自耦变压器实现减压起动的自动控制，其控制电路如图 2-13 所示，工作过程中各电气元器件动作顺序见表 2-4。

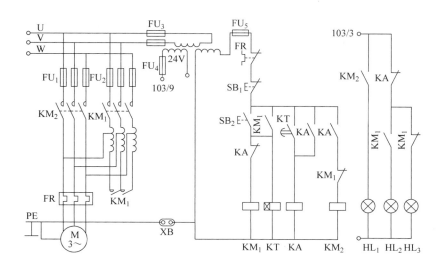

图 2-13 定子绕组串接自耦变压器减压起动控制电路

表 2-4 定子绕组串接自耦变压器减压起动控制电路各电气元器件工作顺序表

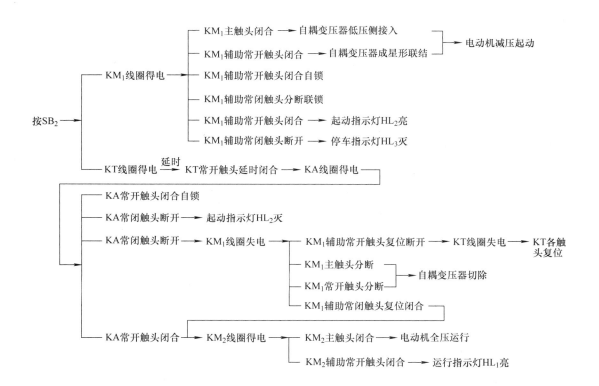

2.3.4 绕线式转子异步电动机转子绕组串接电阻起动控制电路

在大、中容量电动机的重载起动时，增大起动转矩和限制起动电流两者之间的矛盾十分突出。三相绕线式转子电动机的优点之一是可以在转子绕组中串接电阻或频敏变阻器进行起动，由此达到减小起动电流，提高转子电路的功率品质因数和增加起动转矩的目的。一般在要求起动转矩较高的场合，绕线式转子异步电动机的应用非常广泛，如桥式起重机吊钩电动机、卷扬机等。

转子绕组串接起动电阻起动控制串接于三相转子电路中的起动电阻，一般都成星形联结。在起动前，起动电阻全部接入电路；在起动过程中，起动电阻被逐级地短接。电阻被短接的方式有三相电阻不平衡短接法和三相电阻平衡短接法。不平衡短接法是转子每相的起动电阻按先后顺序被短接，而平衡短接法是转子三相的起动电阻同时被短接。使用凸轮控制器短接电阻宜采用不平衡短接法，因为凸轮控制器中各对触头闭合顺序一般是按不平衡短接法设计的，故控制电路简单，如桥式起重机就是采用这种控制方式。使用接触器短接电阻时宜采用平衡短接法。下面介绍使用接触器控制的平衡短接法起动控制。

转子绕组串电阻起动控制电路如图 2-14 所示。该电路按照电流原则实现控制，利用电流继电器根据电动机转子电流大小的变化控制电阻的分组切除。$KA_1 \sim KA_3$ 为欠电流继电器，其线圈串接于转子电路中，$KA_1 \sim KA_3$ 这 3 个电流继电器的吸合电流值相同，但释放电流值不同，KA_1 的释放电流最大，首先释放，KA_2 次之，KA_3 的释放电流最小，最后释放。电动机刚起动时起动电流较大，$KA_1 \sim KA_3$ 同时吸合动作，使全部电阻接入。随着电动机转速升高电流减小，$KA_1 \sim KA_3$ 依次释放，分别短接电阻，直到将转子串接的电阻全部短接。

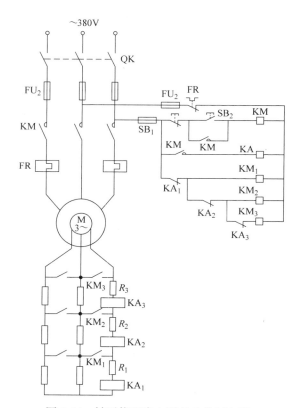

图 2-14　转子绕组串电阻起动控制电路

起动过程如下：合上开关 QK →按下起动按钮 SB_2 →接触器 KM 通电，电动机 M 串入全部电阻减压起动→中间继电器 KA 通电，为接触器 $KM_1 \sim KM_3$ 通电做准备→随着转速的升高，起动电流逐步减小，首先 KA_1 释放→ KA_1 常闭触头闭合→ KM_1 通电，转子电路中 KM_3 常开触头闭合→短接第一级电阻 R_1 →然后 KA_2 释放→ KA_2 常闭触头闭合→ KM_2 通电、转子电路中 KM_2 常开触头闭合→短接第二级电阻 R_2 → KA_3 最后释放→ KA_3 常闭触头闭合→ KM_3 通电，转子电路中 KM_3 常开闭合→短接最后一段电阻 R_3，电动机起动过程结束。

2.4 三相异步电动机的制动控制

2.4.1 电压反接制动控制电路

反接制动是通过改变电动机三相电源的相序，使电动机定子绕组产生的旋转磁场与转子旋转方向相反，产生制动，使电动机转速迅速下降。当电动机转速接近零时应迅速切断三相电源，否则电动机将反向起动。为此采用速度继电器检测电动机的转速变化，并将速度继电器调整在 $n>120r/min$ 时速度继电器触点动作，而当 $n<100r/min$ 时触点复位。

图 2-15 为电压反接制动控制电路。图中，KM_1 为单向旋转接触器，KM_2 为反接制动接触器，KS 为速度继电器，R 为反接制动电阻。其工作过程如下：合上电源开关 Q，按下起动按钮 SB_2，KM_1 线圈通电并自锁，电动机 M 起动运转，当转速升高后，速度继电器的动合触点 KS 闭合，为反接制动做准备。停车时，按下停止复合按钮 SB_1，KM_1 线圈断电，同时 KM_2 线圈通电并自锁，电动机反接制动，当电动机转速迅速降低到接近零时，速度继电器 KS 的动合触点断开，KM_2 线圈断电，制动结束。

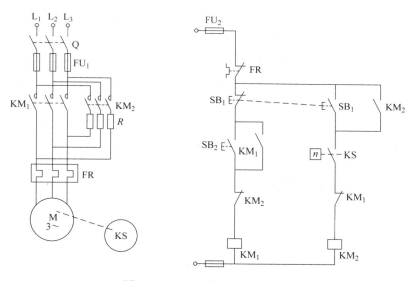

图 2-15 电压反接制动控制电路

反接制动时，由于制动电流很大，因此制动效果显著，但在制动过程中有机械冲击，故适用于不频繁制动、电动机容量不大的设备，如铣床、镗床和中型车床的主轴制动。

2.4.2 能耗制动的自动控制电路

能耗制动是指电动机断开三相交流电源后，迅速给定子绕组加入直流电源，以产生静止磁场，起阻止旋转的作用，待转子转速接近零时再切除直流电源，达到制动的目的。

能耗制动控制电路如图 2-16 所示。其工作过程是：合上电源开关 Q，按下起动按钮 SB_2，KM_1 线圈通电并自锁，电动机 M 起动运行。当需要停车时，按下停止按钮 SB_1，KM_1 线圈断电，切断电动机电源；同时 KM_2、KT 线圈通电并自锁，将两相定子接入直流电源进行能耗制动。转速迅速下降，当接近零时，KT 延时时间到，其延时动断触点动作，使 KM₂、KT 先后断电，制动结束。

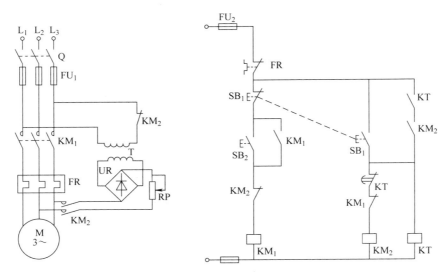

图 2-16　能耗制动控制电路

能耗制动的效果与通入直流电流的大小和电动机转速有关，在同样的转速下，电流越大，其制动时间越短。一般取直流电流为电动机空载电流的 3~4 倍，过大电流会使定子过热。直流电源中串接的 RP 用于调节制动电流的大小。

能耗制动具有制动准确、平稳，能量消耗小等优点，但制动转矩小，故适用于要求制动准确、平稳的设备，如磨床、组合机床的主轴制动。

2.5　三相异步电动机的调速

在很多领域中，要求三相笼型异步电动机的速度为无级调速，其目的是实现自动化控制、节能、提高产品质量和生产效率。如钢铁行业的轧钢机、鼓风机，机床行业中的车床、机械加工中心等，都要求三相笼型异步电动机可调速。从广义上讲，电动机调速可分为两大类，即定速电动机与变速联轴节配合的调速方式以及自身可调速的电动机。前者一般都采用机械式或油压式变速器，电气式只有一种即电磁转差离合器。其缺点是调速范围小且效率低。后者电动机直接调速，其调速方法很多，如变更定子绕组的极对数、变极调速和变频调速。变极调速控制最简单，价格便宜，但不能无级调速。变频调速控制最复杂，但性能最好，随着其成本日益降低，目前已广泛应用于工业自动控制领域中。

2.5.1　基本概念

三相笼型异步电动机的转速公式为

$$n=n_0(1-s)=60(f_1-s)/p$$

式中　n_0——电动机的同步转速；

　　　p——极对数；

s——转差率；

f_1——供电电源频率。

对三相笼型异步电动机来讲，调速的方法有三种：改变极对数的变极调速、改变转差率 s 的减压调速和改变电动机供电电源频率的变频调速。下面主要介绍变极调速和变频调速，其他调速方法可参考相关书籍。

2.5.2　变极调速控制电路

变极调速这一电路的设计思想是通过接触器触头改变电动机绕组的联结方式来达到调速目的。变极电动机一般有双速、三速、四速之分，双速电动机定子装有一套绕组，而三速、四速则为两套绕组。

电动机变极采用电流反向法。下面以电动机单相绕组为例说明变极原理。图 2-17a 为极数等于 4（$p=2$）时的一相绕组的展开图，绕组由相同的两部分串联而成，两部分各称为半相绕组，一个半相绕组的末端 X_1 与另一个半相绕组的首端 A_2 相连接。图 2-17b 为绕组的并联联结方式展开图，则磁极数目减少一半，由 4 极变成 2（$p=1$）极。从图 2-17a、图 2-17b 可以看出，串联时两个半相绕组的电流方向相同，都是从首端进、末端出；改成并联后，两个半相绕组的电流方向相反，当一个半相绕组的电流从首端进、末端出时，另一个半相绕组的电流便从末端进、首端出。因此，改变磁极数目，则是通过改变半相绕组的电流方向来实现的。

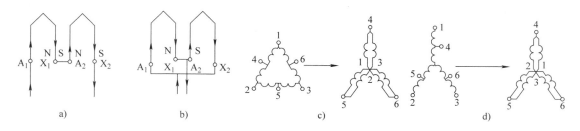

图 2-17　双速电动机改变极对数的原理

a）四极绕组展开图　b）二极绕组展开图　c）三角形 - 双星形转换　d）星形 - 双星形转换

图 2-17c 和图 2-17d 为双速电动机三相绕组联结。图 2-17c 为三角形（四极，低速）双星形（二极，高速）联结；图 2-17d 为星形（四极，低速）- 双星形（二极、高速）联结。

双速电动机调速控制电路如图 2-18 示。图中接触器 KM_1 工作时，电动机低速运行；接触器 KM_2、KM_3 工作时，电动机高速运行。SB_2、SB_3 分别为低速和高速起动按钮。若按低速起动按钮 SB_2，接触器 KM_1 通电并自锁，电动机接成三角形并低速运转。若按高速起动按钮 SB_3 直接起动，接触器 KM_1 通电自锁，时间继电器 KT 线圈通电自锁，电动机先低速运转，当 KT 延时时间到，时间继电器 KT 首先延时打开常闭触点，切断接触器 KM_1 线圈电源，然后接触器 KM_2、KM_3 线圈通电自锁，KM_3 的通电使时间继电器 KT 线圈断电，故自动切换使 KM_2、KM_3 工作，电动机高速运转，这样先低速后高速的控制，目的是限制起动电流。

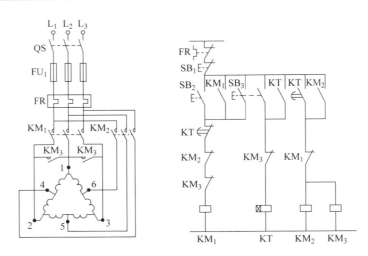

图 2-18　双速电动机调速控制电路

双速电动机调速的优点是可以适应不同负载性质的要求，如需要恒功率时可采用三角形 - 双星形联结，如需要恒转矩调速时可采用星形 - 双星形联结。双速电动机调速电路简单、维修方便，但它是有极调速且价格较高。变极调速通常要与机械变速配合使用，以扩大其调速范围。

2.5.3　变频调速

变频调速是改变电源频率来改变电动机的同步转速。变频器的控制方式可分为两种，即开环控制和闭环控制。开环控制有 V/F 控制方式，闭环控制有矢量控制等方式。

1. V/F 控制

异步电动机的转速由电源频率和极对数决定，所以改变频率，电动机就可以调速运转。但是频率改变时电动机内部阻抗也要改变，如果仅改变频率，将产生由弱励磁引起的转矩不足、由过励磁引起的磁饱和现象，使电动机功率因数和效率显著下降。

V/F 控制是这样一种控制方式，即改变频率的同时控制变频器输出电压，使电动机的磁通保持一定，在较广范围内调速运转时，电动机的功率因数和效率不下降。即控制电压与频率之比，所以称为 V/F 控制。

作为变频器调速控制方式，V/F 控制比较简单，现多用于通用变频器、风机泵类机械的节能运行、生产流水线工作台传动和空调等家用电器中。

2. 矢量控制

直流电动机的电枢电流控制方式，使直流电动机构成的传动系统的调速、控制性能非常优良。矢量控制是按照直流电动机电枢电流控制思想，在交流异步电动机上实现该控制方法，并且达到与直流电动机具有相同的控制性能。

矢量控制是这样的一种控制方式，即将供给异步电动机的定子电流在理论上分成两部分：产生磁场的电流分量（磁场电流）和与磁场相垂直、产生转矩的电流分量（转矩电流）。该磁场电流、转矩电流与直流电动机的磁场电流、电枢电流相当。在直流电动机中，利用整流子和电刷机械换向，使两者保持垂直，并且可分别供电。对异步电动机来讲，其定子电流在电动机内部，利用电磁感应作用，可在电气上分解为磁场电流和垂直的转矩电流。

矢量控制就是根据上述原理，将定子电流分解成磁场电流和转矩电流，任意进行控制，同时再将两者合成后的定子电流供给异步电动机。矢量控制方式使交流异步电动机具有与直流电动机相同的控制性能。目前，采用这种控制方式的变频器已广泛应用于生产实际中。

2.6　电气控制系统的保护环节

电气保护环节用于保障长期工作条件下电气设备与操作人员的安全，是所有电气控制系统中不可缺少的环节。常用的电气保护环节有短路保护、过电流保护、过载保护、电压保护和弱磁保护等。

2.6.1　短路保护

电气控制电路中的电器或配线绝缘遭到损坏、负载短路或接线错误时，都可能产生短路故障。短路时产生的瞬时故障电流是额定电流的十几倍甚至几十倍。电气设备或配电线路因短路电流产生的强大电动力可能产生电弧，造成损坏甚至引起火灾。

短路保护要求在短路故障产生后的极短时间内切断电源，常用方法是在电路中串接熔断器或低压断路器。低压断路器的动作电流整定为电动机起动电流的 1.2 倍。

2.6.2　过电流保护

过电流是指电动机或电器组件超过其额定电流的运行状态，过电流一般比短路电流小，在 6 倍额定电流以内，电气线路中发生过电流的可能性大于短路发生的可能性，特别是在电动机频繁起动和频繁正反转时。在过电流情况下，若能在达到最大允许温升之前电流值恢复正常，电器组件将仍能正常工作，但是过电流造成的冲击电流会损坏电动机，所产生的瞬时电磁大转矩会损坏机械传动部件，因此要及时切断电源。

过电流保护常用过电流继电器来实现。将过电流继电器线圈串接在被保护电路中，当电流达到其整定值，过电流继电器动作，其动断触头串接在接触器线圈所在的支路中，使接触器线圈断电，再通过主电路中接触器的主触头断开，使电动机电源及时切断。

2.6.3　过载保护

过载是指电动机运行电流超过其额定电流但小于 1.5 倍额定电流的运行状态，此运行状态在过电流运行状态范围内。若电动机长期过载运行，其绕组温升将超过允许值而绝缘老化或损坏。过载保护要求不受电动机短时过载冲击电流或短路电流的影响而瞬时动作，通常采用热继电器作过载保护组件。

当 6 倍以上额定电流通过热继电器时，需经 5s 后才动作，可能在热继电器动作前，热继电器的加热组件已烧坏，所以在使用热继电器作过载保护时，必须同时装有熔断器或低压断路器等短路保护装置。

2.6.4 电压异常保护

电动机应在额定电压下工作，电压过高、过低甚至故障断电时都能造成设备或人身事故，所以应根据要求设置失电压保护、过电压保护和欠电压保护等环节。

1. 失电压保护

电动机正常运转时如因为电源电压突然消失，电动机将停转。一旦电源电压恢复正常，电动机有可能自行起动，从而造成机械设备损坏，甚至造成人身事故。失电压保护是为防止电压恢复时电动机自行起动或电器组件自行投入工作而设置的保护环节。

采用接触器和按钮控制的起动、停止控制电路就具有失电压保护作用。因为当电源电压突然消失时，接触器线圈就会断电而自动释放，从而切断电动机电源。当电源电压恢复时，由于接触器自锁触头已断开，所以电动机不会自行起动。但在采用不能自动复位的手动开关、行程开关控制接触器的电路，就需采用专门的零电压继电器，一旦断电，零电压继电器释放，其自锁电路断开，电源恢复时，电动机就不会自行起动。

2. 欠电压保护

当电源电压降至 60%~80% 额定电压时，将电动机电源切断而停止工作的环节称为欠电压保护环节。除了采用接触器本身有按钮的控制方式进行欠电压保护外，还可采用欠电压继电器进行欠电压保护。

将欠电压继电器的吸合电压整定为 $0.8~0.85U_N$、释放电压整定为 $0.5~0.7U_N$。欠电压继电器跨接在电源上，其动合触点串接在接触器线圈电路中，当电源电压低于释放值时，欠电压继电器动作使接触器释放，接触器主触头断开，电动机电源实现欠电压保护。

3. 过电压保护

电磁铁、电磁吸盘等大电感负载及直流电磁机构、直流继电器等，在通断时会产生较高的感应电动势，会造成电磁线圈被击穿而损坏。过电压保护通常是在电磁线圈两端并联一个电阻、电阻串电容或二极管串电阻，以形成一个放电回路，实现过电压保护。

2.6.5 超速保护

机电设备运行速度超过规定允许速度时，将造成设备损坏或人身事故，所以应设置超速保护装置来控制电动机转速或及时切断电动机电源。表 2-5 列出了常用电气保护环节的保护内容及采用的保护元器件。

表 2-5　常用电气保护环节的保护内容及采用的保护元器件

保护环节名称	故障原因	采用的保护组件
短路保护	电源负载短路	熔断器、低压断路器
过电流保护	错误起动、过大的负载转矩频繁正、反向起动	过电流继电器
过载保护	长期过载运行	热继电器、热敏电阻、低压断路器、热脱扣装置
电压异常保护	电源电压突然消失、降低或升高	零电压、欠电压、过电压继电器或接触器、中间继电器
弱磁保护	直流励磁电流突然消失或减小	欠电流继电器
超速保护	电压过高、弱磁场	过电压继电器、离心开关、测速发电机

2.7 电气控制电路的一般设计

2.7.1 保护控制电路工作的安全和可靠性

电气组件要正确连接，电器的线圈和触头连接不正确，会使控制电路发生误动作，有时会造成严重的事故。

1）线圈的连接。在交流控制电路中，不能串联接入两个电器线圈，如图 2-19 所示。即使外加电压是两个线圈额定电压之和，也是不允许的。因为每个线圈上所分配到的电压与线圈阻抗成正比，两个电器动作总有先

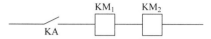

图 2-19 不能串联接入两个电器线圈

后顺序，先吸合的电器，磁路先闭合，其阻抗比没吸合的电器大，电感显著增加，线圈上的电压也相应增大，故没吸合电器的线圈的电压达不到吸合值。同时电路电流将增加，有可能会烧毁线圈。因此，两个电器需要同时动作时，线圈应并联。

2）电器触头的连接。同一个电器的常开触头和常闭触头位置靠得很近，不能分别接在电源的不同相上。不正确连接电器的触头如图 2-20a 所示，限位开关 SQ 的常开触头和常闭触头不是等电位，当触头断开产生电弧时，很可能在两触头之间形成飞弧而引起电源短路。正确连接电器的触头如图 2-20b 所示，此时两触头电位相等，不会造成飞弧而引起电源短路。

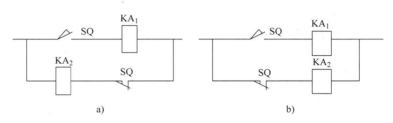

图 2-20 电器触头的连接

a）不正确连接电器的触头 b）正确连接电器的触头

3）电路中应尽量减少多个电器组件依次动作后才能接通另一个电气组件，如图 2-21 所示。在图 2-21a 中，线圈 KA$_3$ 的接通要经过 KA、KA$_1$、KA$_2$ 这 3 对常开触头。若改为图 2-21b 所示的连接，则每一线圈的通电只需经过一对常开触头，工作较可靠。

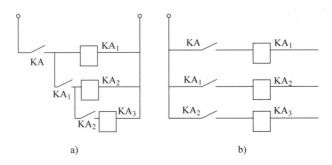

图 2-21 减少多个电气组件一次通电

4）应考虑电器触头的接通和分断能力，若容量不够，可在电路中增加中间继电器或增加电路中触头的数目。增加接通能力用多触头并联连接；增加分断能力用多触头串联连接。

5）应考虑电气组件触头"竞争"问题。同一继电器的常开触点和常闭触点有"先断后合"型和"先合后断"型。

通电时常闭触点先断开，常开触点后闭合；断电时常开触点先断开，常闭触点后闭合，属于"先断后合"型。而"先合后断"则相反：通电时常开触点先闭合，常闭触点后断开；断电时常闭触点先闭合，常开触点后断开。如果触点动作先后发生"竞争"的话，电路工作则不可靠。触点"竞争"电路如图 2-22 所示，若继电器 KA 采用"先合后断"型，则自锁环节起作用，如果 KA 采用"先断后合"型，则自锁不起作用。

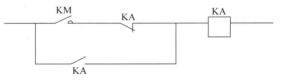

图 2-22　触点"竞争"电路

2.7.2　控制电路力求简单、经济

1）尽量减少触头的数目。尽量减少电气组件和触头的数目，所用的电器、触头越少，则越经济，出故障的机会也越少，如图 2-23 所示。

2）尽量减少连接导线。将电气组件触头的位置合理安排，可减少导线根数和缩短导线的长度，以简化接线，如图 2-24 所示，起动按钮和停止按钮共同放置在操作台上，而接触器放置在电气柜内。从按钮到接触器要经过较远的距离，所以必须把起动按钮和停止按钮直接连接，这样可减少连接线。

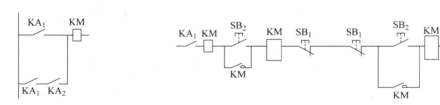

图 2-23　减少触头数目　　　　　　　　图 2-24　减少连接导线

2.7.3　防止寄生电路

控制电路在工作中出现意外接通的电路称为寄生电路。寄生电路会破坏电路的正常工作，造成误动作。图 2-25 为一个具有过载保护和指示灯显示的可逆电动机的控制电路，电动机正转时过载，则热继电器动作时会出现寄生电路，如图中虚线所示，使接触器 KM，不能断电，起不到保护作用。

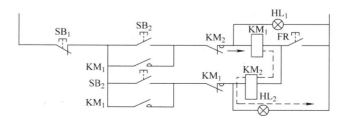

图 2-25　寄生电路

第 3 章

可编程序控制器

3.1 可编程序控制器的定义及分类

3.1.1 可编程序控制器的定义

可编程序控制器是一个以微处理器为核心的数字运算操作的电子系统装置，专为在工业现场应用而设计，它采用可编程序的存储器，用以在其内部存储执行逻辑运算、顺序控制、定时/计数和算术运算等操作指令，并通过数字式或模拟式的输入、输出接口，控制各种类型的机械或生产过程。由于早期的可编程序控制器只能进行计数、定时以及对开关量的逻辑控制，它被称为可编程序逻辑控制器（Programmable Logic Controller，PLC）。后来，可编程序控制器采用微处理器作为其控制核心，它的功能远远超出逻辑控制的范畴，人们又将其称为 Programmable Controller，简称 PC。但由于 PC 容易和个人计算机（Personal Computer）混淆，故人们仍习惯地用 PLC 作为可编程序控制器的缩写。

1987 年，国际电工委员会（IEC）在可编程序控制器标准草案的第三稿中，对 PLC 做了如下定义："可编程序控制器是一种数字运算操作电子系统，专为在工业环境下应用而设计。它采用了可编程序的存储器，用来在其内部存储执行逻辑运算、顺序控制、定时、计数和算术运算等操作的指令，并通过数字的、模拟的输入和输出控制各种类型的机械或生产过程。可编程序控制器及其有关的外围设备，都应按易于与工业控制系统形成一个整体、易于扩充其功能的原则设计。"

总之，PLC 是微机技术与传统的继电器 - 控制器控制技术相结合的产物，它克服了继电器 - 控制器接触性控制系统中的机械触头的接线复杂、可靠性低、功耗高、通用性和灵活性差的缺点，充分利用了微处理器的优点，又照顾到现场电气操作维修人员的技能与习惯，特别是 PLC 的程序编制，不需要专门的计算机编程语言知识，而是采用了一套以继电器梯形图为基础的简单指令形式，使用户程序编制形象、直观、方便易学；调试与查错也都很方便。

3.1.2 可编程序控制器的分类

PLC 产品种类繁多，其规格和性能也各不相同。一般而言，PLC 通常根据其结构形式的不同、功能的差异和 I/O 点数进行分类。

1. 按结构形式分类

根据 PLC 的结构形式，可将 PLC 分为整体式和模块式两类。

1）整体式 PLC　整体式 PLC 是将 CPU、存储器、I/O 部件等组成部分集中于一体，安装在印制电路板上，并连同电源一起装在一个机壳内，形成一个整体，通常称为主机或基本单元。整体式结构的 PLC 具有结构紧凑、体积小、重量轻、价格低的优点。一般小型或超小型 PLC 多采用这种结构。

2）模块式 PLC　把各个组成部分做成独立的模块，如 CPU 模块、输入模块、输出模块、电源模块等，将各个模块当成插件，组装在一个具有标准尺寸并带有若干插槽的机架内。模块式结构的 PLC 配置灵活，装配和维修方便，易于扩展，一般大中型的 PLC 都采用这种结构。

2. 按功能分类

根据 PLC 所具有的功能不同，可将 PLC 分为低档、中档、高档三类。

1）低档 PLC　具有逻辑运算、定时、计数、移位以及自诊断、监控等基本功能，还有少量模拟量输入 / 输出、算术运算、数据传送和比较、通信等功能。主要用于逻辑控制、顺序控制或少量模拟量控制的单机控制系统。

2）中档 PLC　除具有低档 PLC 的功能外，还具有较强的模拟量输入 / 输出、算术运算、数据传送和比较、数制转换、远程 I/O、子程序、通信联网等功能。有些还可增设中断控制、PID 控制等功能，适用于复杂控制系统。

3）高档 PLC　除具有中档机的功能外，还增加了带符号算术运算、矩阵运算、位逻辑运算、平方根运算及其他特殊功能函数的运算、制表及表格传送功能等。高档 PLC 具有更强的通信联网功能，可用于大规模过程控制或构成分布式网络控制系统，实现工厂自动化。

3. 按 I/O 点数分类

可编程序控制器用于对外部设备的控制，外部信号的输入、PLC 的运算结果的输出都要通过 PLC 输入、输出端子进行接线，输入、输出端子的数目之和被称作 PLC 的输入、输出点数，简称 I/O 点数。通常根据 I/O 点数的多少可将 PLC 的 I/O 点数分成小型、中型和大型 PLC。

1）小型 PLC　I/O 点数小于 256 点、单 CPU、8 位或 16 位处理器、用户存储器容量 4K 字以下，一般以开关量控制为主，具有体积小、价格低的优点。可用于开关量的控制、定时 / 计数的控制、顺序控制及少量模拟量的控制场合，代替继电器 - 控制器控制在单机或小规模生产过程中使用，代表型号有美国通用电气（GE）公司的 GE- Ⅰ型、德国西门子公司的 S7-200，美国罗克韦尔公司的小型和微型 Micro800 系列、日本立石公司（欧姆龙）C20/C40 等。

2）中型 PLC　I/O 点数在 256~1024 之间，双 CPU，用户存储器容量 2~8K 字，功能比较丰富，兼有开关量和模拟量的控制能力，适用于较复杂系统的逻辑控制和闭环过程的控制，例如，美国通用电气（GE）公司的 GE-Ⅲ型、德国西门子公司的 S7-300，美国罗克韦尔公司的 CompactLogix 系列等。

3）大型 PLC　I/O 点数在 1024 点以上，多 CPU，16 位、32 位处理器，用户存储器容量 8~16K 字，适用于大规模过程控制、集散式控制和工厂自动化网络，例如，美国通用电气（GE）公司的 GE-Ⅳ型、德国西门子公司的 S7-400，美国罗克韦尔公司的 AB PLC-5 和日本立石公司（欧姆龙）C2000 等。

3.2　可编程序控制器的基本结构及工作原理

3.2.1　可编程序控制器的基本结构

PLC 的结构多种多样，可分为整体式和模块式两大类，但其组成的一般原理基本相同，都是以微处理器为核心的结构，其功能的实现同时依赖硬件和软件共同作用，相当于可编程序控制器，它是一种新型的工业控制计算机。图 3-1 为 PLC 的基本结构框图。

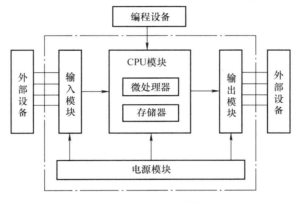

图 3-1　PLC 的基本结构框图

1. 整体式 PLC 结构

整体式结构的 PLC 是将中央处理单元（CPU）、存储器、输入单元、输出单元、电源、通信端口、I/O 扩展端口等组装在一个箱体构成主机，配合有独立的 I/O 扩展单元等与主机配合使用。整体式 PLC 的结构紧凑、体积小，小型机常采用这种结构。图 3-2 为整体式 PLC 基本组成结构。

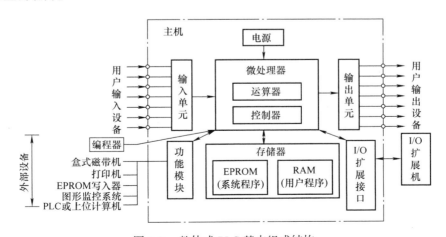

图 3-2　整体式 PLC 基本组成结构

2. 模块式 PLC 结构

模块式结构的 PLC 是将 CPU 单元、输入单元、输出单元、智能 I/O 单元、通信单元等分别做成相应的电路板或模块，各模块可以插在底板上，模块之间通过底板上的总线相互联系。装有 CPU 单元的称为 CPU 模块，其他称为扩展模块。CPU 与各扩展模块之间通过电缆连接，距离一般不超过 10m，中、大型 PLC 常采用这种模块式结构，如图 3-3 所示。

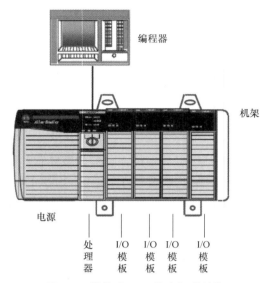

图 3-3　模块式 PLC 基本组成结构

3.2.2　可编程序控制器的组成

根据 3.2.1 节所讲的 PLC 的基本结构，可知 PLC 是由五部分组成的：中央处理单元（CPU）、存储器、输入 / 输出模块、电源和编程器。

1. 中央处理单元（CPU）

中央处理单元是 PLC 的核心，它的主要功能是接收并存储用户程序和数据，用扫描的方式由现场输入装置送来的状态和数据，并存入规定的寄存器中，同时诊断电源和 PLC 内部电路的工作状态和编程过程中的语法错误等。当 PLC 运行时，从用户程序存储器中逐条读取指令，经分析后再按指令规定任务产生相应的控制信号，去指挥有关的控制电路。

一般在 CPU 单元模块上还包括系统程序存储器、用户程序存储器、参数存储器、系统控制单元、输入 / 输出控制接口、编程器接口以及通信接口等。

2. 存储器

PLC 内的存储器主要用于存放系统程序、用户程序和数据等。

1）系统程序存储器　存放系统管理程序，用只读存储器实现，用户不能更改其内容。

2）用户程序存储器　根据控制要求而编制的应用程序，用 RAM 实现或固化到只读存储器中。

3）工作数据存储器　用来存储工作数据的区域，而工作的数据是经常变化、经常存取的，该类储存器是具备可读 / 写功能。

3. 输入 / 输出模块

输入 / 输出模块是 PLC 与外部设备相互联系的窗口。输入单元接口电路向 PLC 提供信号，将开关、按钮、行程开关或传感器等产生的信号转换成 CPU 能够接收和处理的信号。输出单元接口电路的作用是将 CPU 向外输出的信号转换成可以驱动外部执行元件的信号，如接触器、电磁阀、电磁铁、调节阀和调速装置等。

（1）开关量输入

开关量输入电路采用了光电耦合器，提高了 PLC 的抗干扰能力，图 3-4 为开关量直流输入电路。

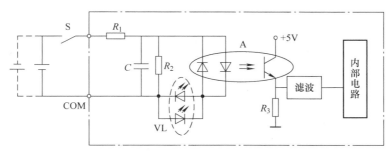

图 3-4　开关量直流输入电路

图 3-4 中，点划线框内是 PLC 内部输入电路，点划线框外为外部用户接线，其中 A 为光电耦合器，发光二极管与光电晶体管封装在一个管壳中。当二极管中有电流时会发光，使光电晶体管导通，R_1 为限流电阻，R_2 和 C 构成滤波电路，可滤除输入信号中的高频干扰。一般外界干扰源的内阻都比较大，发光二极管的正向阻抗约为 $100\sim1000\,\Omega$，输入阻抗低，虽产生较高的干扰电压，但能量很小，只能产生很弱的电流，发光二极管只有通过一定的电流才能发光，抑制了干扰信号。

（2）开关量输出

按输出电路所用开关器件的不同，PLC 的开关量输出可分为晶体管输出、双向晶闸管输出和继电器输出，如图 3-5 所示。

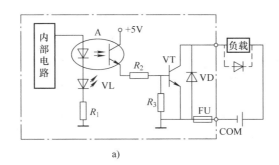

a)

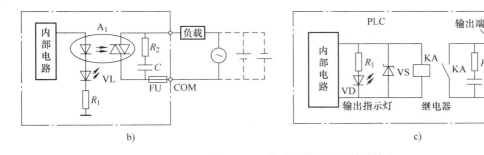

b)　　　　　　　　　　　　　　　　　c)

图 3-5　三种不同类型的开关量输出

a）晶体管输出　b）双向晶闸管输出　c）继电器输出

1）晶体管输出：由用户提供直流负载电源，输出电路负载能力小，工作电流为 0.3~0.5A，为无触点开关，晶体管输出接口使用是寿命长，响应速度快，其延迟一般为 0.5~1ms。

2）双向晶闸管输出：用户提供负载电源，开关器件是光控双向晶闸管，使 PLC 的负载可根据需要选用直流或交流电源，输出电路负载能力较大，工作电流约为 1A，响应速度较快。

3）继电器输出：负载电源由用户提供，可以是交流也可以直流，可依据负载情况而定。输出电路抗干扰能力强，负载能力大，工作电流为 2~5A。

4. 电源

电源部件将交流电转换成 PLC 的中央处理器、存储器、输入/输出模块等电路工作所需要的直流电，使 PLC 能正常工作。PLC 采用高质量的工作稳定性、抗干扰能力强的开关稳压电源，许多 PLC 电源还可外向部提供直流 24V 稳压电源，用于向输入接口上的接入电气元器件供电，从而简化外围配置。

5. 编程器

编程器是将用户编写的程序下载至 PLC 的用户程序存储器，并利用编程器检查、修改和调试用户程序，监视用户程序的执行过程，显示 PLC 状态、内部器件及系统的参数等，它是开发、应用和维护 PLC 不可缺少的设备。目前，PLC 制造厂家大都开发了计算机辅助 PLC 编程支持软件，当个人计算机安装了 PLC 编程支持软件后，可用作图形编程器，进行用户程序的编辑、修改，并通过个人计算机和 PLC 之间的通信接口实现用户程序的双向传送、监控 PLC 运行状态等。

3.2.3 可编程序控制器的工作原理

1. PLC 的扫描周期

PLC 运行时，需要进行众多的操作，而 PLC 的 CPU 不可能同时去执行多个操作，只能每一时刻执行一个操作。目前 PLC 采用分时操作原理，通过 CPU 的运算处理速度很快，使人们从外部看 PLC 运行任务的能力是同时进行的，这种分时操作的方法称为扫描工作方式。

PLC 是采用"顺序扫描，不断循环"的方式进行工作的。在 PLC 运行时，CPU 根据用户按控制要求编制好并存于用户存储器中的程序，按指令步序号（或地址号）做周期性循环扫描，如无跳转指令，则从第一条指令开始逐条顺序执行用户程序，直至程序结束。然后重新返回第一条指令，开始下一轮新的扫描。在每次扫描过程中，还要完成对输入信号的采样和对输出状态的刷新等工作。

PLC 的一个扫描周期必经输入采样、程序执行和输出刷新三个阶段，整个过程扫描并执行一次所需的时间称为扫描周期，如图 3-6 所示。

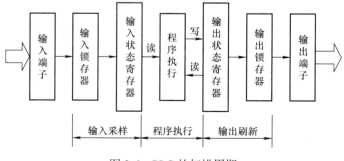

图 3-6　PLC 的扫描周期

1）PLC 在输入采样阶段：首先以扫描方式按顺序将所有暂存在输入锁存器中的输入端子的通断状态或输入数据读入，并将其写入对应的输入状态寄存器中，即刷新输入。随即关闭输入端口，进入程序执行阶段。

2）PLC 在程序执行阶段：按用户程序指令存放的先后顺序扫描执行每条指令，经相应的运算和处理后，其结果再写入输出状态寄存器中，输出状态寄存器中所有的内容随着程序的执行而改变。

3）输出刷新阶段：当所有指令执行完毕，输出状态寄存器的通断状态在输出刷新阶段送至输出锁存器中，并通过一定的方式（继电器、晶体管或晶闸管）输出，驱动相应输出设备工作。

2. PLC 的工作过程

PLC 每一个循环所经历的时间称为一个扫描周期，每个扫描周期又分为自诊断、与编程器或计算机等通信、输入采样、程序执行和输出刷新五个阶段，每个工作阶段完成不同任务。PLC 扫描工作各环节的功能如下：

1）PLC 上电后，首先自我检查硬件是否正常。若正常，则进行下一步；若不正常，系统会自我报警，CPU 还能判断并显示故障的性质。

2）PLC 按自上而下的顺序，逐条读用户程序并执行。CPU 从输入映像寄存器和元件映像寄存器中读取各继电器当前的状态，根据用户程序给出的逻辑关系进行逻辑运算，运算结果再写入元件映像寄存器中。

3）计算扫描周期：扫描时间主要由用户程序的长短和 CPU 的运算速度决定。PLC 在正常工作的情况下，扫描周期为：$T=$（运算速度 × 程序步数）+I/O 刷新时间 + 故障诊断时间。

4）I/O 刷新阶段：PLC 从输入电路中读取输入点的状态，并写入输入映像寄存器中；同时，PLC 将元件映像寄存器的状态经输出锁存器和输出电路送到输出点。

5）外设端口服务：PLC 检查是否有对编程器或计算机等的通信请求，如有，则进行相应处理，完成数据的接收和发送。

PLC 完成上述各个阶段的处理后，又返回上电部分，周而复始地进行扫描。图 3-7 为PLC 系统各部件之间的逻辑关系。

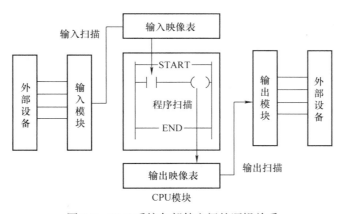

图 3-7　PLC 系统各部件之间的逻辑关系

3.3 可编程序控制器的基本功能及特点

3.3.1 可编程序控制器的基本功能

PLC 有丰富的指令系统，有各种各样的 I/O 接口、通信接口，有大容量的内存，有可靠的监控系统。图 3-8 为一个工业系统常用 PLC 的基本功能示例图。

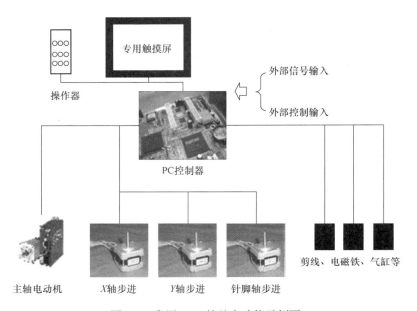

图 3-8 常用 PLC 的基本功能示例图

1）逻辑控制功能 逻辑控制功能是 PLC 最基本的应用领域，可取代传统的继电器控制系统，实现逻辑控制和顺序控制。在单机控制、多机群控和自动生产线控制方面都有很多成功的应用实例。例如，机床电气控制，起重机、带式输送机和包装机械的控制，注塑机控制，电梯控制，饮料灌装生产线、家用电器（电视机、冰箱、洗衣机等）自动装配线控制，汽车、化工、造纸、轧钢自动生产线控制等。

2）定时控制功能 PLC 中有许多可供用户使用的定时器，功能类似于继电器电路中的时间继电器。定时器的设定值（定时时间）可以在编程时设定，也可以在运动过程中根据需要进行修改，使用方便灵活。同时 PLC 还提供了高精度的时钟脉冲，用于准确实时控制。

3）计数控制功能 PLC 为用户提供了许多计数器，计数器计数到某一数值时，产生一个状态信号（计数值到），利用该状态信号实现对某个操作的计数控制。计数器的设定值可以在编程时设定，也可以在运行过程中根据需要进行修改。

4）数据处理功能 PLC 可以实现算术运算、数据比较、数据传送、数据移位、数制转换译码编码等操作。中大型 PLC 数据处理功能更加齐全，可完成开方、PID 运算、浮点运算等操作，还可以和显示器、打印机相连，实现程序、数据的显示和打印。

5）监控功能 利用编程器或监视器，操作人员可以对 PLC 有关部分的运行状态进行监视。可以调整定时器、计数器的设定值和当前值，并可以根据需要改变 PLC 内部逻辑信号的状态及数据区的数据内容，为调整和维护提供了极大的方便。

6）停电记忆功能　PLC 内部的部分存储器所使用的 RAM 设置了停电保持器件（备用电池等），以保证断电后这部分存储器中的信息能够长期保存。利用某些记忆指令，可以对工作状态进行记忆，以保持 PLC 断电后的数据内容不变。PLC 电源恢复后，可以在原工作基础上继续工作。

7）故障诊断功能　PLC 可以对系统构成、某些硬件状态、指令的合法性等进行自诊断，发现异常情况时，发出报警并显示错误类型，如属严重错误则自动中止运行。PLC 的故障自诊断功能，大大提高了 PLC 控制系统的安全和可维护性。

3.3.2　可编程序控制器的主要特点

为适应工业环境使用，与一般控制装置相比较，PLC 有以下特点：

1. 编程简单，容易掌握

目前，大多数 PLC 仍采用继电控制形式的"梯形图编程方式"，既继承了传统控制电路的清晰直观，又考虑到大多数工厂企业电气技术人员读图的习惯及编程水平，所以非常容易接受和掌握。梯形图语言的编程元件的符号和表达方式与继电器控制电路原理图相当接近。通过阅读 PLC 的用户手册或短期培训，电气技术人员和技工很快就能学会用梯形图编制控制程序。同时还提供了功能图、语句表等编程语言。

PLC 在执行梯形图程序时，用解释程序将它翻译成汇编语言然后执行，与直接执行汇编语言编写的用户程序相比，执行梯形图程序的时间要长一些，但对于大多数机电控制设备来说是微不足道的，完全可以满足控制要求。

2. 通用性强，控制程序可变，使用方便

PLC 品种齐全的各种硬件装置，可以组成能满足各种要求的控制系统，用户不必自己再设计和制作硬件装置。用户在硬件确定以后，在生产工艺流程改变或生产设备更新的情况下，不必改变 PLC 的硬设备，只需改编程序就可以满足要求。因此，PLC 除应用于单机控制外，在工厂自动化中也被大量采用。

3. 可靠性高，抗干扰能力强

工业生产一般对控制设备的可靠性提出了很高的要求，应具有很强的抗干扰能力，能在恶劣的环境中可靠地工作，平均故障时间长，平均修复时间短。可编程序控制器是专门为工业控制设计的，在设计和制造的过程中采用了多层次的抗干扰措施，并选用精确元件，保证其在恶劣环境下正常工作。

4. 功能强，适应面广

现代 PLC 不仅有逻辑运算、计时、计数、顺序控制等功能，还具有数字和模拟量的输入/输出、功率驱动、通信、人机对话、自检、记录/显示等功能，既可控制一台生产机械、一条生产线，又可控制一个生产过程。

5. 减少了控制系统的设计及施工的工作量

由于 PLC 采用了软件来取代继电器控制系统中大量的中间继电器、时间继电器、计数器等器件，控制柜的设计安装接线工作量大为减少。同时，PLC 的用户程序可以在实验室模拟调试，更减少了现场的调试工作量，且 PLC 的低故障率及很强的监视功能，模块化等，使维修也极为方便。

3.3.3　可编程序控制器的性能指标

PLC 的主要性能指标有以下几个方面：

1. 存储容量

存储容量指用户程序存储容量和数据存储容量之和。存储容量决定了 PLC 可以容纳的用户程序的长短，一般以字为单位计算。因为用户程序是根据实际生产过程控制的应用要求而编制的，因此存储容量应根据实际应用情况选择。

2. 输入 / 输出点数

输入 / 输出点数（I/O 点数）是 PLC 可以接受的输入和输出信号数量的总和，它是衡量 PLC 性能的重要指标。I/O 点数越多，外部可接入的输入器件和输出器件就越多，控制规模就越大。因此，I/O 点数是衡量 PLC 规模的指标。国际上流行将 I/O 总点数在 64 点及 64 点以下的 PLC 称为微型 PLC；256 点以下的 PLC 称为小型 PLC；总点数在 256~2048 点之间的 PLC 为中型 PLC；总点数在 2048 点以上的 PLC 为大型 PLC 等。

3. 扫描速度

扫描速度是指 PLC 执行程序的速度。一般以执行 1K 字所用的时间来衡量扫描速度。由于不同功能的指令执行速度差别较大，时下也有以布尔指令的执行速度表征 PLC 工作快慢的。有些品牌的 PLC 在用户手册中给出执行各种指令所用的时间，可以通过比较各种 PLC 执行类似操作所用的时间来衡量 CPU 工作速度的快慢。

4. 指令的功能和数量

指令功能的强弱及数量的多少涉及 PLC 能力的强弱，一般来说编程指令种类及条数越多，处理能力、控制能力就越强，用户程序的编制也就越容易。

5. 内部元件的种类及数量

用户编制 PLC 程序时，需要用到大量的内部元件来存储变量、中间结果、定时计数信息、模块设置参数及各种标志位等。这类元件的种类及数量越多，表示 PLC 的信息处理能力越强。

6. 智能单元的数量

为了完成一些特殊的控制任务，PLC 厂商都为自己的产品设计了专用的智能单元，如模拟量控制单元、定位控制单元、速度控制单元以及通信工作单元等。智能单元种类的多少和功能的强弱是衡量 PLC 产品水平高低的重要指标。

7. 扩展能力

PLC 的扩展能力含 I/O 点数的扩展、存储容量的扩展、联网功能的扩展及各种功能模块的连接扩展等。绝大部分 PLC 可以用 I/O 扩展单元进行 I/O 点数的扩展，有的 PLC 可以使用各种功能模块进行功能扩展，但 PLC 的扩展功能也是有限制的。

第 4 章

Micro850 控制器硬件

4.1 Micro850 控制器硬件特性

4.1.1 Micro800 系列控制器概述

Micro800 系列控制器是罗克韦尔自动化全新推出的新一代微型 PLC，此系列控制器具有超过 21 种模块化插件，控制点的点数从 10 点到 48 点不等，可以实现高度灵活的硬件配置，在提供足够的控制能力的同时满足用户的基本应用，并且便于安装和维护。不同型号控制器之间的模块化部件可以共用，内置 RS232、RS485、USB 和 EtherNet/IP 等通信接口，具有强大的通信功能。Micro800 系列 PLC 共用编程环境、附件和功能性插件，用户可对控制器进行个性化设置，从而使其具有特定的功能，且系统可以提供完整的机器控制方案。Micro800 系列控制器主要包括 Micro810、Micro820、Micro830 和 Micro850 等型号。

Micro800 系列 PLC 的产品目录号如图 4-1 所示。从该目录号可以知道主机类型、I/O 点数、输入和输出类型及电源类型等信息。

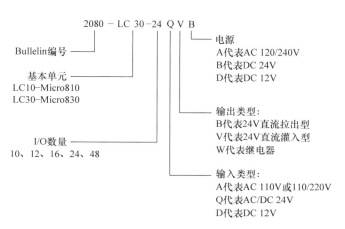

图 4-1　Micro800 系列 PLC 产品目录号说明

1. Micro810 控制器

Micro810 控制器是 Micro800 系列中最小的产品，自带高电流继电器输出的智能型继电器，同时兼具微型 PLC 的编程功能，其外形如图 4-2 所示。Micro810 控制器为 12 点型，带有两个 8A 和两个 4A 输出，无需使用外部继电器，具有嵌入式智能继电器功能块，可通过 1.5in[⊖] 液晶显示屏和键盘配置。功能块包括继电器开 / 关定时器、日时间、周时间和年时间，适用于电梯控制、冷却控制和照明控制方面的应用。Micro810 控制器的 I/O 数量和类型见表 4-1。

图 4-2　Micro810 控制器外形图

表 4-1　Micro810 控制器的 I/O 数量和类型

产品目录号	电源	输入（I）			输出（O）		模拟量输入 0~10V（与直流输入共享）
		AC 120V	AC 240V	DC/AC 12/24V	继电器	24V 直流拉出型	
2080-LC10-12QWB	DC 24V	—	—	8	4	—	4
2080-LC10-12AWA	AC 120/240V	8		—	4	—	—
2080-LC10-12QBB	DC 12/24V	—	—	8	—	4	4
2080-LC10-12DWD	DC 12V	—	—	8	4	—	4

2. Micro820 控制器

Micro820 控制器是 Micro800 系列的一款小型控制器，专门应用于小型单片机及远程自动化项目，搭载了嵌入式以太网端口、串行端口以及用于数据记录和配方管理的 microSD 卡槽，其外形如图 4-3 所示。Micro820 控制器为 20 点配置，可容纳两个功能性插件模块，支持 Micro800 系列远程 LCD 模块，可轻松配置 IP 地址等设置，并可用作简易的 IP65 文本显示器。Micro820 控制器的 I/O 数量和类型见表 4-2。

图 4-3　Micro820 控制器外形

⊖　1in=2.54cm，后同。

表 4-2　Micro820 控制器的 I/O 数量和类型

产品目录号	输入（I）			输出（O）			模拟量输出 DC0~10V	模拟量输入 0~10V（与直流输入共享）	支持的 PWM 数
	AC 120V	AC 120/240V	DC 24V	继电器	24V 直流拉出型	24V 直流灌入型			
2080-LC20-20QBB	—	—	12	—	—	—	1	4	1
2080-LC20-20QWB	—	—	12	—	—	—	1	4	—
2080-LC20-20AWB	8	—	4	—	—	—	1	4	—
2080-LC20-20BBR	—	—	12	—	—	—	1	4	1
2080-LC20-20QWBR	—	—	12	—	—	—	1	4	—
2080-LC20-20AWBR	8	—	4	—	—	—	1	4	—

Micro820 控制器的具体特性如下：

1）两个功能性插件模块插槽；

2）用于项目备份和恢复、数据日志及配方管理的 microSD 卡槽；

3）嵌入式 10/100 Base-T 以太网端口；

4）支持通过远程 LCD 模块进行配置；

5）嵌入式非隔离型 RS232/RS 485 复用串行端口；

6）支持 Modbus/TCP、EtherNet/IP 和 CIP 串行端口。

3. Micro830 控制器

Micro830 控制器专为存取各种独立上位机控制应用而设计，能集成多达 5 个功能性插件模块，支持 USB 连接及下载程序，能进行个性化设置，增强功能性，其外形如图 4-4 所示。Micro830 控制器适用于物料运送、包装、太阳电池板定位应用项目。Micro830 控制器的 I/O 数量和类型见表 4-3。

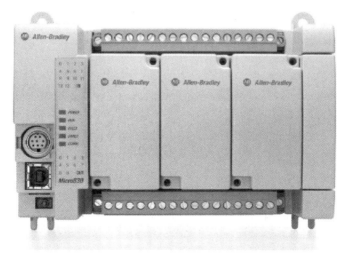

图 4-4　Micro830 控制器外形

表 4-3 Micro830 控制器的 I/O 数量和类型

产品目录号	输入（I）		输出（O）		
	输入 AC110V	DC24V	继电器	24V 直流拉出型	24V 直流灌入型
2080-LC30-10QWB	—	6	4	—	—
2080-LC30-10QVB	—	6	—	4	—
2080-LC30-16AWB	10	—	6	—	—
2080-LC30-16QWB	—	10	6	—	—
2080-LC30-16QVB	—	10	—	6	—
2080-LC30-24QBB	—	14	—	—	10
2080-LC30-24QVB	—	14	—	10	—
2080-LC30-24QWB	—	14	10	—	—
2080-LC30-48AWB	28	—	20	—	—
2080-LC30-48QBB	—	28	—	—	20
2080-LC30-48QVB	—	28	—	20	—
2080-LC30-48QWB	—	28	20	—	—

Micro830 控制器的具体特性如下：

1）多达 6 个嵌入式高速计数器输入 HSC；

2）用于基本定位的 3 个嵌入式脉冲序列输出 PTO；

3）高速输入中断；

4）Modbus RTU 协议；

5）能够与 PanclView Component 实现紧密集成的 CIP 串行端口；

6）嵌入式 USB 编程和串行端口。

4. Micro850 控制器

Micro850 控制器是一种新型经济型控制器，具有嵌入式输入和输出，且通过功能性插件模块和扩展 I/O 模块实现最理想的个性化定制和灵活性，其外形如图 4-5 所示。Micro850 控制器适用于需要更多数字量和模拟量 I/O 或更高性能模拟量 I/O 的应用，支持多达四个扩展 I/O，提供 24 点和 48 点配置，采用嵌入式以太网端口，具体应用于传送带、切割、物料输送、分拣包装、太阳电池板定位等应用项目。Micro850 控制器的 I/O 数量和类型见表 4-4。

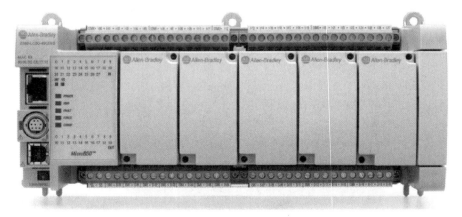

图 4-5 Micro850 控制器外形

表 4-4　Micro850 控制器的 I/O 数量和类型

| 产品目录号 | 输入（I） | | 输出（O） | | | PTO/PWM 支持 | HSC 支持 |
	AC 120V	DC/AC 24V	继电器	24V 直流拉出型	24V 直流灌入型		
2080-LC50-24AWB	14	14	10	—	—	—	—
2080-LC50-24QBB	—	14	—	10	—	2	4
2080-LC50-24QVB	—	14	—	—	10	2	4
2080-LC50-24QWB	—	14	10	—	—	—	4
2080-LC50-48AWB	28	—	20	—	—	—	—
2080-LC50-48QBB	—	28	—	20	—	3	6
2080-LC50-48QVB	—	28	—	—	20	3	6
2080-LC50-48QWB	—	28	20	—	—	—	6

Micro850 控制器的具体特性如下：

1）多达六个嵌入式高速计数器输入 HSC；

2）24V 直流型号上提供速度达 100kHz 的 HSC；

3）用于基本定位的 3 个嵌入式脉冲序列输出 PTO；

4）高速输入中断；

5）Modbus RTU 串行端口协议；

6）支持 Modbus/TCP、EtherNet/IP 和 CIP 串行端口；

7）嵌入式 USB 编程和串行端口；

8）嵌入式 10/100 Base-T 以太网端口。

4.1.2　Micro850 控制器硬件特性

1. Micro850 控制器及其扩展配置

Micro850 控制器可以在单机控制器的基础上，根据控制器类型的不同进行功能扩展。它最大可容纳 2~5 个功能性插件模块，额外支持 4 个扩展 I/O 模块。使得其 I/O 点最高达到 132 点。图 4-6 为 48 点主机 PLC 加上电源附件、功能性插件和扩展 I/O 模块后的最大配置情况。

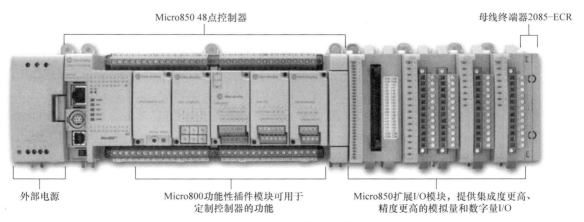

图 4-6　Micro850 控制器及其扩展配置

2. Micro850 控制器技术参数

表 4-5 为 Micro850 系列具有主机点数 48 点 PLC 的通用技术参数，一般在使用时特别注意 "I/O 额定"，以保证电源类型和容量符合要求。PLC 的输入和输出技术参数见表 4-6、表 4-7。

表 4-5　Micro850 48 点 PLC 通用技术参数

属性	2080-LC50-48AWB	2080-LC50-48QBB	2080-LC50-48QVB	2080-LC50-48QWB
I/O 数量	48（28 个输入，20 个输出）			
尺寸（高×宽×深）	90×238×80mm（3.54×9.37×3.75in）			
近似运输重量	0.725kg（1.6lb）			
线规	管芯型号	最小值	最大值	额定温度
	单芯　0.2mm^2（24AGW）		25mm^2（14AGW）	最高额定绝缘温度为 90°
	多芯　0.2mm^2（24AGW）		25mm^2（14AGW）	
接线类别	2——信号端口 2——电源端口 2——通信端口			
线类型	仅适用铜线			
端子螺钉牛津	0.4~0.5N·m			
输入电路类型	AC 120V	DC 24V 灌入型／拉出型（标准和高速）		
输出电路类型	继电器	DC 24V 灌入型（标准和高速）		DC 24V 拉出型（标准和高速）
功耗	33W			
I/O 额定值	输入 AC 120V，16mA 输出 2A、AC 240V，2A、AC 24V	输入 DC 24V，8.8mA 输出 2A、AC 240V，2A AC 24V		输入 DC 24V，8.8mA 输出 DC 24V、1A/ 点 DC 24V、0.3A/ 点
绝缘剥线额度	2mm（0.28in）			
外壳防护等级	符号 IP20			
一般用途额定值	C300，R150			
隔离电压	250V（连续），强化绝缘型，输出至辅助和网络，输入至输出类型测试：DC 3250V 下持续 60s，输出至辅助和网络，输入至输出。 150V（连续 1，强化绝缘型，输入至辅助和网络类型测试：DC 220V 下持续 60s，输入至辅助和网络）	250V（连续），强化绝缘型，输出至辅助和网络，输入至输出类型测试：DC 3250V 下持续 60s，输出至辅助和网络，输入至输出。 150V（连续 1，强化绝缘型，输入至辅助和网络类型测试：DC 220V 下持续 60s，输入至辅助和网络）		50V（连续），强化绝缘型，I/O 至辅助和网络，输入至输出 类型测试：DC 220V 下持续 60s，I/O 至辅助和网络，输入至输出

表 4-6　Micro850 48 点 PLC 输入技术参数

属性	2080-LC50-48AWB	2080-LC50-48QBB/2080-LC50-48QVB/2080-LC50-48QWB	
	120V 交流输入	高速直流输入（输入 0~11）	标准直流输入（输入 12V 及以上）
输入数量	28	12	16
输入组与背板隔离	经下列绝缘强度测试验证：DC 1950V，持续 2s 150V 工作电压（IEC 2 类强化绝缘）		经下列绝缘强度测试验证：DC 220V，持续 2s DC 50V 工作电压（IEC 2 类强化绝缘）
电压类别	AC 110V	DC 24V（灌入型 / 拉出型）	
工作电压范围	最大、132V，60Hz AC	DC 16.8~26.4V/65° DC 16.8~30.0V/30°	
最大断态电压	AC 20V	DC 5V	
最大断态电流	1.5mA	1.5mA	
最小通态电流	5mA/AC 79V	5mA/AC 16.8V	1.8mA/DC 10V
标称通态电流	12mA/AC 79V	7.6mA/DC 24V	6.15mA/DC 24V
最大通态电流	16mA/AC 132V	12.0mA/DC 30V	
标称阻抗	12kΩ/50Hz 10kΩ/50Hz	3kΩ	3.74kΩ
IEC 输入兼容性	类型 3		
最大浪涌电流	250mA/AC 120V	—	
最大输入频率	63Hz		

表 4-7　Micro850 48 点 PLC 输出技术参数

属性	2080-LC50-48AWB/2080-LC50-48QBB	2080-LC50-48QVB/2080-LC50-48QWB	
	继电器输出	高速输出（输出 0~3）	标准输出（输出 4 及以上）
输出数量	20	4	16
最小输出电压	DC 5V、AC 5V	DC 10.8V	DC 10V
最大输出电压	DC 125V、AC 265V	DC 26.4V	DC 26.4V
最小负载电流	10mA		
最大负载电流	2.0A	10mA（高速运行） 0.3A（标准运行）	0.3A（标准运行）
每个公共端的最大电流	5A	—	—
最长接通时间 / 关断时间	1ms	2.5μs	0.1ms 1ms

3. Micro850 控制器主机

（1）Micro850 控制器主机的组成

Micro850 控制器为一体式微型控制器，其硬件结构包含主机和扩展部分。图 4-7 为 Micro850 48 点的控制器主机和状态指示灯示意图。

（2）Micro850 通信接口

Micro850 控制器可通过本身自带的 10/100Base-T 端口，使用标准 RJ 45 以太网电缆将其连接到以太网，实现网络编程和通信，同时通过网络状态指示灯显示 Micro850 的通信状态。

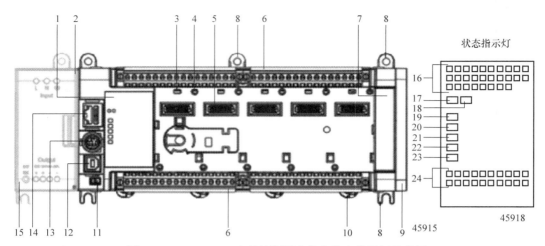

图 4-7 Micro850 48 点的控制器主机和状态指示灯示意图

1—状态指示灯 2—可选电源插槽 3—插件锁销 4—插件螺钉孔 5—40 针高速插件连接器
6—可拆卸 I/O 端子块 7—右侧盖 8—安装螺钉孔 / 安装脚 9—扩展 I/O 插槽盖 10—DIN 导轨安装插销
11—模式开关 12—B 接连接器 USB 端口 13—RS 232/RS 485 非隔离组合串行端口
14—RJ 45EtherNet/IP 连接器 15—可选交流电源 16—指示灯的输入状态 17—模块状态
18—网络状态 19—电源状态 20—运行状态 21—故障状态 22—强制状态
23—串行通信状态 24—输出状态

网络状态指示说明有以下几种情况：

1）常灭：未上电，无 IP 地址，表示设备电源已关闭或表示设备已上电，但无 IP 地址。

2）绿灯闪烁：无连接，表示 IP 地址已组态，但没有连接以太网应用。

3）红灯闪烁：未接通，表示连接超时。

4）红灯常亮：IP 重复，表示设备检测到其 IP 地址正被网络中另一设备使用。

5）绿灯、红灯交替闪烁：自检，表示设备正在执行上电自检（POST）。

（3）Micro850 控制器外部接线

Micro850 可编程序控制器有很多种型号，不同型号的控制器对应的 I/O 配置不同，下面以 Micro850 48 点产品的输入、输出端子及其信号模式。

1）输入端子：图 4-8 为 Micro850 可编程序控制器输入端子块的外部接线，实际接线中应按照要求接线，输入的公共端（COM）一般都是内部短接。

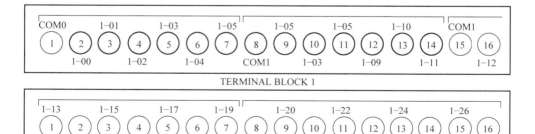

图 4-8 PLC 输入端子块

2）输出端子：图 4-9 为 Micro850 可编程序控制器输出端子块的外部接线，实际接线中应按照要求接线，输入的公共端（COM）一般也是内部短接。

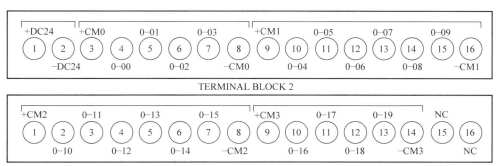

图 4-9　PLC 输出端子块

3）Sink 和 Source 模式：罗克韦尔自动化公司在选择 PLC 的输入和输出时，Sink 为 PLC 外设电路以负极为公共端，翻译为漏型；Source 为 PLC 外设电路，以正极为公共端，翻译为源型，也常称这两种类型为拉出型和灌入型。图 4-10 为 Sink 和 Source 模式时的电路原理图，可以根据该图能更好地理解 PLC 模块内部和外部电路，也可以更好地理解 Sink 和 Source 两种不同输入信号的类型。

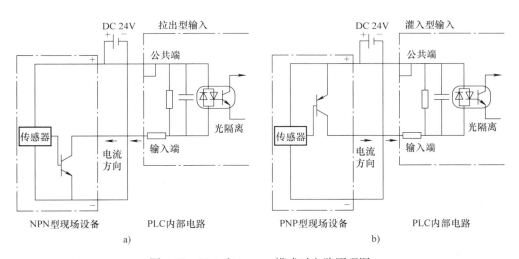

图 4-10　Sink 和 Source 模式时电路原理图

a）NPN 外部设备与拉出模型块连接信号流　b）PNP 外部设备与拉出模型块连接信号流

4）数字量的输入和输出：Micro850 控制器的数字量输入和输出可分为灌入型和拉出型。图 4-11 为灌入型输入接线图，图 4-12 为拉出型输入接线图，图 4-13 为灌入型输出接线图，图 4-14 为拉出型输出接线图。

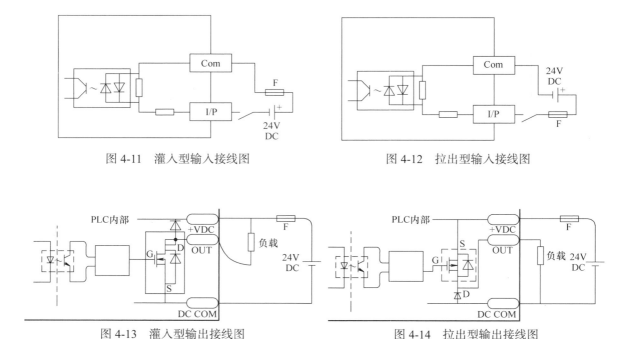

图 4-11　灌入型输入接线图　　　　　　　图 4-12　拉出型输入接线图

图 4-13　灌入型输出接线图　　　　　　　图 4-14　拉出型输出接线图

4.2　Micro850 控制器的 I/O 配置

4.2.1　脉冲序列输出

Micro850 控制器支持高速脉冲序列输出（Pulse Train Outputs，PTO）数量和运动轴的数量。几种不同型号的 Micro850 控制器 PTO 和运动轴的数量之间关系见表 4-8。根据不同控制器的性能，PTO 功能能够以一个制定频率产生指定数量的脉冲，这些脉冲可以输出到运动控制设备，进而控制伺服电动机的旋转和位置。

表 4-8　Micro850 控制器 PTO 和运动轴的数量

控制器型号	PTO（本地 I/O）	支持的运动轴
24 点 2080-LC50-24QVB 2080-LC50-24QBB	2	2
48 点 2080-LC50-24QVB 2080-LC50-24QBB	3	3

Micro850 控制器的 PTO 脉冲信号和 PTO 方向信号控制运动轴的变化，剩下的 PTO 输入/输出（I/O）通道可禁止或作为普通 I/O 使用。表 4-9 为本地 PTO 输入/输出点的信息。

表 4-9　本地 PTO 输入 / 输出点的信息

运动控制信号	PTO0（EM_00）		PTO1（EM_01）		PTO2（EM_02）	
	在软件中的名称	在本地端子排名称	在软件中的名称	在本地端子名称	在软件中的名称	在本地端子名称
PTO pulse	_IO_EM_DO_00	O-00	_IO_EM_DO_01	O-01	_IO_EM_DO_02	O-02
PTO direction	_IO_EM_DO_03	O-03	_IO_EM_DO_04	O-04	_IO_EM_DO_05	O-05
Lower（Negative）Limit switch	_IO_EM_DI_00	I-00	_IO_EM_DI_04	I-04	_IO_EM_DI_08	I-08
Uppe（Positive）Limit switch	_IO_EM_DI_01	I-01	_IO_EM_DI_05	I-05	_IO_EM_DI_09	I-09

4.2.2　高速计数器和可编程限位开关

Micro850 控制器支持高速计数器（High-speed Counter，HSC）功能，一般 HSC 功能块包含位于控制器上的本地 I/O 端子和 HSC 功能块指令两个部分。HSC 的参数设置以及数据更新都需要在 HSC 功能块中设置。

可编程限位开关（Programmable Limit Switch，PLS）功能允许用户组态 HSC 为 PLS 或者是凸轮开关。所有的 Micro850 控制器，除了 2080-LC××-××AWB，都有 100kHz 高速计数器，每个主高速计数器有 4 个专用的输入，每个副高速计数器有两个专用的输入。

表 4-10 为不同点数 Micro850 控制器 HSC 个数。表 4-11 为每个 HSC 使用的本地输入号。表 4-12 为每个 HSC 输入使用的本地 I/O 情况。

表 4-10　不同点数 Micro850 控制器 HSC 个数

	24 点	48 点
HSC 个数	4	6
主 HSC	2（counter0，2）	3（counter0，2，4）
副 HSC	2（counter1，3）	3（counter1，3，5）

表 4-11　每个 HSC 使用的本地输入号

HSC	使用的输入点	HSC3	使用的输入点
HSC0	0~3	HSC4	6，7
HSC1	2，3	HSC5	8，11
HSC2	4~7	HSC6	10，11

表 4-12　HSC 输入使用的本地 I/O 情况

HSC	输入使用本地 I/O											
	00	01	02	03	04	05	06	07	08	09	10	11
HSC0	A/C	B/D	Reset	Hold								
HSC1			A/C	B/D								
HSC2					A/C	B/D	Reset	Hold				
HSC3						A/C	B/D					
HSC4									A/C	B/D	Reset	Hold
HSC5											A/C	B/D

4.3　Micro850 控制器功能性插件及其组态

4.3.1　Micro800 系列功能性插件模块

　　Micro800 系列功能性插件模块是通过自身尺寸紧凑的特点来凸显单元控制器的"个性"，通过对 I/O 端口进行嵌入式扩展增强通信功能，但不增加控制器的空间负担，同时还可以利用第三方合作伙伴的专长，开发与实际项目相关联的各种功能性模块，提升控制器功能。

　　Micro800 系列功能性插件模块一般分为数字、模拟、通信和各种专用类型的模块，具体型号及参数说明见表 4-13。

表 4-13　Micro800 系列功能性插件模块的技术规范

模块	类型	说　　明
2080-IQ4	离散	4 点，DC 12/24V 灌入型 / 拉出型输入
2080-IQ4OB4	离散	8 点，组合型，DC12/24V 灌入型 / 拉出型输入，DC12/24V 拉出型输出
2080-IQ4OV4	离散	8 点，组合型，DC12/24V 灌入型 / 拉出型输入，DC12/24V 灌出型输出
2080-OB4	离散	4 点，DC 12/24V 拉出型输出
2080-OV4	离散	4 点，DC 12/24V 灌入型输出
2080-OW41	离散	4 点，交流 / 直流继电器输出
2080-IF2	模拟	2 通道，非隔离式单极电压 / 电流模拟量输入
2080-IF4	模拟	4 通道，非隔离式单极电压 / 电流模拟量输入
2080-OF2	模拟	2 通道，非隔离式单极电压 / 电流模拟量输出
2080-TC2	专用	2 通道，非隔离式热电偶模块
2080-RTD4	专用	2 通道，非隔离式热电阻模块
2080-MEMBAKRTC	专用	存储器备份和高精度实时时钟
2080-TRIMPOT6	专用	6 通道微调电位计模拟量输入
2080-SERIALISOL	通信	RS232/485 隔离式串行端口

1. 离散型功能插件

　　离散型功能插件模块将来自用户设备的交流或直流通 / 断信号转换为相应的逻辑电平，以便在处理器中使用。只要指定的输入点发生通、断和断、通的转换，模块就会用新数据更新控制器。离散型功能插件功能较简单，比较容易使用。

2. 模拟量功能性插件

　　2080-IF2 或 2080-IF4 功能性插件能够提供额外的嵌入式模拟量 I/O，2080-IF2 最多可增加 10 个模拟量输入，而 2080-IF4 最多可增加 20 个模拟量输入，并提供 12 位分辨率。2080-IF2 和 2080-IF4 的主要输入技术参数见表 4-14。

表 4-14　2080-IF2 和 2080-IF4 的主要输入技术参数

属性	2080-IF2	2080-IF4	属性	2080-IF2	2080-IF4
非线性度 /%	± 0.1		扫描时间 /ms	180	
整个温度范围内的模块误差 /%	± 0.1		输入主与总线的隔离	无隔离	
现场输入校准	不需要		通道与通道的隔离	无隔离	

　　2080-OF2 功能性插件能提供额外的嵌入式模拟量 I/O，最多可增加 10 个模拟量输出，且提供 12 位分辨率。2080-OF2 功能性插件可使用在 Micro850 控制器的任意插槽中，但不支持带电插拔（RIUP），其输出技术参数见表 4-15。

表 4-15　2080-OF2 输出技术参数

属性	2080-OF2	属性	2080-OF2
输出数，单端	2	最大感性负载 /mH	0.01
模拟量正常工作范围	电压：DC-15，电流 :0~20mA	最大电容性负载 /μF	0.1
最大分辨率	12 位（单极性）	非线性度 /%	± 0.1
输出计数范围	0~65535	可重复性 /%	± 0.1
最大 D-A 转换速率 /ms	2.5	开路和短路保护	是
达到 63% 的阶跃响应 /ms	5	输出过电压保护	是
电压输出的最大电流负载 /mA	10	输入组与总线的隔离	无隔离
电压输出时的负载范围 /kΩ	> 1	通道与通道的隔离	无隔离

　　2080-IF4 功能性插件主要体现与传感器模块相连，当传感器与 2080-IF4 模块连接时，不需要外接电源，它是由模块内部电源向有关的端子供电。图 4-15 为 2080-IF4 模块与传感器模块的接线端子。

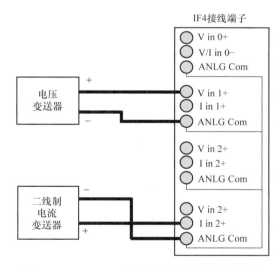

图 4-15　2080-IF4 模块与传感器模块接线端子

　　2080-OF2 功能性插件主要体现与外部负载相连，当传感器或外部负载与 2080-OF2 模块连接时，不需要外接电源，它是由模块的端子供电。图 4-16 为 2080-OF2 模块与外部负载的端子接线。

3. 专用功能性插件

　　2080-TC2 或 2080-RTD4 功能性插件应用在非隔离式热电偶和热电阻领域，能够在使用 PID 时，帮助实现对温度的控制。2080-TC2 或 2080-RTD4 功能性插件可使用在 Micro850 控制器的任意插槽中，但不支持带电插拔（RIUP）。

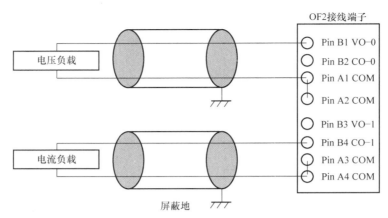

图 4-16　2080-OF2 模块与外部负载端子接线

2080-TC2 是双通道功能性插件模块，支持热电偶测量，对 8 种热电偶传感器（分度号分别为 B、E、J、K、N、R、S 和 T）的任意组合中的温度数据进行数据转换和传输，模块随附的外部 NTC 热敏电阻能提供冷端温度补偿。

2080-RTD4 模块支持两个通道的热电阻测量，该模块支持 2 线和 3 线热电阻传感器接线，对模拟量数据进行数字转换，然后再在其映像表中传送转换的数据，支持与最多 11 种热电阻传感器的任意组合相连。

2080-MEMBAK RTC 是存储器备份和高精度实时时钟功能性插件模块，可生成控制器中的项目备份副本，并增加精确的实时时钟功能而无需要定期校准或更新，且能复制 / 更新 Micro850 控制器的应用代码，2080-MEMBAK RTC 功能性插件模块只能安装在 Micro850 控制器最左端的插槽中，支持带热电热插拔。2080-TRIMPOT6 是 6 通道微调电位计模拟量输入功能性插件模块，另还可以增加 6 个模拟量预设以实现速度、位置和温度控制。2080-TRIMPOT6 功能性插件可使用在 Micro850 控制器的任意插槽中，但不支持带电插拔（RIUP）。

4. 通信功能性插件

通信功能插件 2080-SERIALISO 功能模块是隔离式串行端口，功能性插件模块，支持 CIP Serial、Modbus RTU 以及 ASCII 协议，非常适合连接噪声设备，（如变频器和伺服驱动器），以及长距离电缆通信，使用 RS485 时最长距离为 100m。

4.3.2　功能性插件组态

系统使用带 3 个功能性插件插槽的 Micro850 48 点控制器说明组态过程，下面将采用 2080-RTD2 和 2080-TC2 功能性插件模块。具体步骤如下：

第一步：启动 CCW（一体化偏全组态软件），并打开 Micro850 项目，在项目管理器窗格中，右键单击 Micro850 并选择"打开"（open），将显示"控制性属性"（Controller Properties）页面。

第二步：添加 Micro850 功能性插件，可通过以下两种方式实现：

1）第一种实现方式：右键单击想要功能性插件，然后选择功能性插件，如图 4-17 所示。

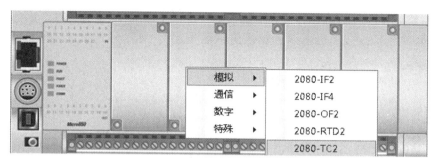

图 4-17 在设备图形页面添加功能性插件

2）第二种实现方式：右键单击控制器属性树中的功能性插件插槽，然后选择想要添加的功能性插件，如图 4-18 所示。

第二步完成后，设备组窗口中的设备图形显示页面和控制性属性页面都将显示所添加的功能性插件模块，如图 4-19 所示。

第三步：单击 2080-RTD2 或 2080-TC2 功能性插件模块，设置组态属性。

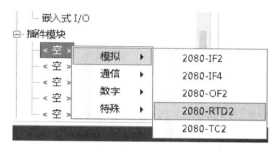

图 4-18 在控制性属性页面添加功能性插件

1）2080-RTD2 指定通道 0 的"热电偶类型"和"更新速率"，通道 1"热电偶类型"为 E 型，更新速率为 12.5Hz。热电偶的默认传感器类型为"K 型"，默认更新速率为 16.7Hz，如图 4-20 所示。

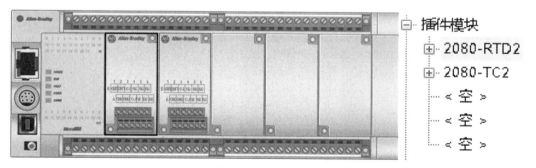

图 4-19 添加两个功能性插件后的控制器

图 4-20 设置 2080-TC2 通道参数

2）2080-RTD2 指定通道 0 的"热电偶类型"和"更新速率"，通道 1"热电偶类型"为 E 型，更新速率为 12.5Hz。热电偶的默认传感器类型为"K 型"，默认更新速率为 16.7Hz，如图 4-21 所示。

图 4-21　设置 2080-RTD2 通道参数

4.3.3　功能性插件错误处理

功能性插件在使用过程中会出现错误，Micro800 系统可以根据出现的错误代码，进行初步的处理和恢复操作。Micro800 部分功能性插件模块可能出现的错误代码及其处理措施见表 4-16。

表 4-16　Micro800 部分功能性插件模块错误代码及处理措施列表

错误代码	说　　明	建议的措施
0xF0Az	功能性插件 I/O 模块在运行过程中出现错误	执行下列一项操作： 1）检查功能性插件 I/O 模块的状态和运行情况 2）对 Micro800 控制器循环上电
0xF0Bz	功能性插件 I/O 模块组态与检测到的实际组态 I/O 模块不匹配	执行下列一项操作： 1）更正用户程序中的功能性插件 I/O 模块组态，使其与实际的硬件配置相匹配 2）检查功能性插件 I/O 模块的状态和运行情况 3）对 Micro800 控制器循环上电 4）更换功能性插件 I/O 模块
0xF0Dz	对功能性插件 I/O 模块上电或移除功能性插件时，发生硬件错误	执行下列一项操作： 1）在用户程序中更正功能性插件 I/O 模块组态 2）使用一体化编程组态软件构建并下载该程序 3）使 Micro800 系列控制器进入运行模式
0xF0Ez	功能性插件 I/O 模块组态与检测到的实际组态 I/O 模块不匹配	执行下列一项操作： 1）在用户程序中更正功能性插件 I/O 模块组态 2）使用一体化编程组态软件构建并下载该程序 3）使 Micro800 系列控制器进入运行模式

备注：在以上 4 个错误代码中，z 表示功能性插件模块的插槽编号，如果 z=0，则无法识别插槽编号。

4.4　Micro850 控制器扩展模块及其组态

4.4.1　Micro850 扩展模块

Micro850 扩展模块以小巧、低成本的封装形式提供卓越的功能，一般卡在 Micro850 控制器的右侧，带有便于安装、维护和接线的可拆卸端子块，包含了丰富的数字量和模拟量模块，将控制器 I/O 模块数量和类型的灵活性实现最大化，补充并扩展 Micro850 控制器的功能。图 4-22 为 Micro850 的扩展模块端子。Micro850 扩展性模块的技术规范指标见表 4-17。

图 4-22　Micro850 的扩展模块端子

表 4-17　Micro850 扩展性模块的技术规范指标

类型	产品目录号	技术规范
数字量 I/O	2085-IQ16	16 点数字量输入，DC 12/24V，灌入型 / 拉出型
	2085-IQ32T	32 点数字量输入，DC 12/24V，灌入型 / 拉出型
	2085-QV16	16 点数字量输出，DC 12/24V，灌入型
	2085-OB16	16 点数字量输出，DC 12/24V，拉出型
	2085-OW8	8 点继电器输出，2A
	2085-OW16	16 点继电器输出，2A
	2085-IA8	8 点 AC 120V 输入
	2085-IM8	8 点 AC 240V 输入
	2085-OA8	8 点 AC 120/240V 输入
模拟量 I/O	2085-IF4	4 通道模拟量输入，0~20mA，-10~+10V，隔离型，14 位
	2085-IF8	8 通道模拟量输入，0~20mA，-10~+10V，隔离型，14 位
	2085-OF4	4 通道模拟量输入，0~20mA，-10~+10V，隔离型，12 位
专用	2085-IRT4	通道 RTD 以及 TC，隔离型
母线终端器	2085-ECR	终端盖板

1. 离散量扩展 I/O

Micro850 离散量扩展 I/O 模块用于提供开关检测和执行的 I/O 模块，扩展模块的每一个 I/O 点都有一个黄色状态指示灯，用于指示各点的通／断状态。

2. 模拟量扩展 I/O

2085-IF4 模块和 2085-IF8 模块分别支持 4 路和 8 路输入通道，可以根据输入通道所设置的滤波器参数指定各通道的频率波类型，通过数字滤波器提供输入信号的噪声抑制功能，同时模块自带的移动平均值滤波器减少了高频和随机白噪声，让模块保持最佳的阶跃响应。

2085-OF4 支持 4 路输出通道，当输出模块启用锁存组态时，模块锁存报警状态位，同时模块将来自模块的输出限制在控制器所组态的范围内，一旦模块的钳位限制确定后，当控制器接收到超出这些钳位限制的数据时，数据便会转换为该限值，但不会超过控制器设置的钳位值，控制器此时可以设置报警装置，让报警状态设置为置位。

3. 专用模块 2085-IRT4 温度输入模块

2085-IRT4 允许为 4 个输入通道的组态传感器类型，将模拟信号线型化为温度值，且使用数字滤波器提供输入信号的噪声抑制功能。一般滤波器设为 4Hz，数字滤波器以 4Hz 的滤波频率提供 -3dB 的衰减，各通道的截止频率由所选的滤波器的频率定义，且与滤波器频率设置相等。滤波频率越低，噪声抑制效果越好，但更新时间会更长，相反滤波频率越高，更新时间越短，但会降低噪声抑制效果和有效分辨率。

4.4.2 Micro800 系列扩展模块组态

1. 添加扩展 I/O 模块

系统使用 Micro850 控制器说明添加扩展 I/O 模块组态过程，本示例中采用 2080-RTD2 和 2080-TC2 添加扩展 I/O 模块组态过程。具体步骤如下：

1）在项目管理窗口中，右键单击 Micro850 并选择"打开"（OPEN），或者鼠标双击"Micro850"，Micro850 项目界面随即在中央窗口中打开，且 Micro850 控制器的图形副本位于第一层，控制器属性位于第二层，输出框位于最后一层。

2）在 CCW（一体化编程组态软件）窗口最右侧的"设备工具箱"（Device Toolbox）窗格中，选中 Expansion Modules 文件夹，如图 4-23 所示。

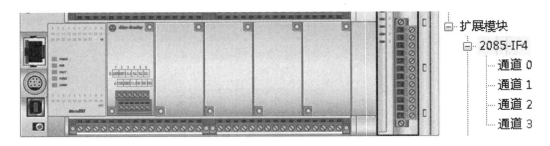

图 4-23　Micro850 扩展模块

3）单击 2080-IQ32T，并将其拖动到中央窗格的控制器图片右侧。随即显示 4 个颜色的插槽，表示扩展 I/O 模块的可用插槽，将 2080-IQ32T 放到第一个插槽即控制器最左侧的插槽，如图 4-24 所示。

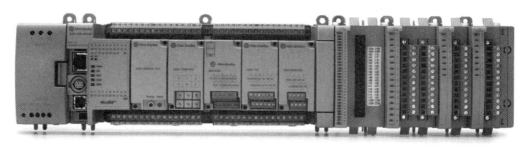

图 4-24 Micro850 扩展模块硬件实物图

4）在"设备工具箱"（Device Toolbox）窗格的 Expansion Modules 文件夹中，将 2085-IF4 拖放到第二个扩展 I/O 插槽中，与 2085-IQ32T 相邻。

5）在"设备工具箱"（Device Toolbox）窗格的 Expansion Modules 文件夹中，将 2085-OB16 拖放到第三个扩展 I/O 插槽中，与 2085-IF4 相邻。

6）在"设备工具箱"（Device Toolbox）窗格的 Expansion Modules 文件夹中，将 2085-IRT4 拖放到第四个扩展 I/O 插槽中，与 2085-OB16 相邻。

完成上述操作，实现了 4 个扩展模块的添加。模块添加完成后的控制器硬件如图 4-25 所示，在控制器属性窗口中可以看到扩展插槽上的控制器名称以及位置。

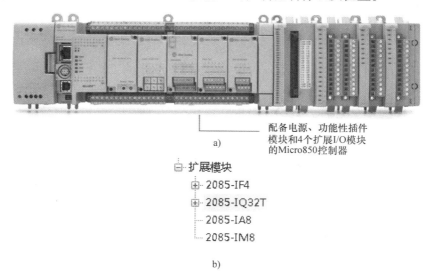

图 4-25 Micro850 添加 4 个扩展模块后的控制器
a）Micro850 添加 4 个扩展模块后的控制器 b）Micro850 添加 4 个扩展模块后的属性

2. 编辑扩展 I/O 模块

系统使用 Micro850 控制器说明添加扩展 I/O 模块组态过程，本示例中采用 2085-IQ16 和 2085-IF4 作实例，如图 4-26 所示。

1）2085-IQ16 属性配置。2085-IQ16 可以设置的属性参数较少，有接通、断开的时间可以调整。

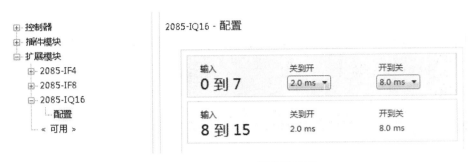

图 4-26　2085-IQ16 属性配置窗口

2）2085-IF4 属性配置。2085-IF4 是一个 4 路模拟量输入模块，在图 4-27 所示的属性配置窗口中，可以对 4 个通道单独进行设置。

图 4-27　2085-IF4 属性配置窗口

3）2085-OB16 属性设置。2085-OB16 是一个 16 个通道的继电器输出模块，没有参数可以设置。

4）2085-IRT4 属性设置。2085-IRT4 是一个 4 路热电偶输入模块。属性配置窗口如图 4-28 所示。可以设置的参数包括热电偶的类型、单位、数据格式、滤波参数等。

图 4-28　2085-IRT4 属性配置窗口

3. 删除和更换扩展 I/O 组态

控制器扩展模块配置好后，还可以进行编辑，包括删除、更换等，该操作可以用两种方式完成。首先选中相应插槽预删除的模块，然后右键选中删除，执行删除操作。删除完成以后，需要用其他的模块，可以用先介绍的添加拓展模块的方法添加所需要的模块。

4.4.3　扩展 I/O 数据映射

1. 离散量 I/O 数据映射

1）2085-IQ16 和 2085-IQ32T I/O 数据映射　从全局变量 _IO_Xx_DI_yy 中读取离散量输入状态，其中"x"代表扩展插槽编号 1~4，"yy"代表点编号。例如，2085-IQ16 的点编号为 00~15，2085-IQ32T 的点编号为 00~31。

2）2085-OV16 和 2085-OB16 I/O 数据映射　从全局变量 _IO_Xx_ST_yy 中读取离散量输出状态，其中"x"代表扩展插槽编号 1~4，"yy"代表点编号 00~15。也可将离散编号输出状态写入到全局变量 _IO_Xx_DO_yy 中，其中"x"代表扩展插槽编号 1~4，"yy"代表点编号 00~15。

3）2085-IA8 和 2085-IM8 I/O 数据映射　从全局变量 _IO_Xx_DI_yy 中读取离散量输入状态，其中"x"代表扩展插槽编号 1~4，"yy"代表点编号 00~07。

4）2085-OA8 I/O 数据映射　从全局变量 _IO_Xx_ST_yy 中读取离散量输出状态，其中"x"代表扩展插槽编号 1~4，"yy"代表点编号 00~07。也可将离散编号输出状态写入到全局变量 _IO_Xx_DO_yy 中，其中"x"代表扩展插槽编号 1~4，"yy"代表点编号 00~07。

5）2085-OW8 和 2085-OW16 I/O 数据映射　从全局变量 _IO_Xx_ST_yy 中读取离散量输出状态，其中"x"代表扩展插槽编号 1~4，"yy"代表点编号。例如，2085-OW8 的点编号 00~07，2085-OW16 的点编号 00~15。也可将离散量输出状态写入到全局变量 _IO_Xx_DO_yy 中，其中"x"代表扩展插槽编号 1~4，"yy"代表点编号。

2. 模拟量 I/O 数据映射

1）2085-IF4 I/O 数据映射　模拟量输入值从全局变量 _IO_Xx_AI_yy 中读取，其中"x"代表扩展插槽编号 1~4，"yy"代表点编号 00~03。也可将全局变量 _IO_Xx_ST_yy 中读取模拟量输入状态值，其中"x"代表扩展插槽编号 1~4，"yy"代表点编号 00~02。

2）2085-IF8 I/O 数据映射　模拟量输入值从全局变量 _IO_Xx_AI_yy 中读取，其中"x"代表扩展插槽编号 1~4，"yy"代表点编号 00~07。也可将全局变量 _IO_Xx_ST_yy 中读取模拟量输入状态值，其中"x"代表扩展插槽编号 1~4，"yy"代表点编号 00~04。

3）2085-OF4 I/O 数据映射　将模拟量输出数据写入到全局变量 _IO_Xx_AO_yy 中读取，其中"x"代表扩展插槽编号 1~4，"yy"代表点编号 00~03。也可将控制位状态写入到全局变量 _IO_Xx_CO_00.zz 中，其中"x"代表扩展插槽编号 1~4，"zz"代表点编号 00~12。

3. 专用 I/O 数据映射

2085-IRT4 I/O 数据映射：从全局变量 _IO_Xx_AI_yy 中读取模拟量输入值，其中"x"代表扩展插槽编号 1~4，"yy"代表点编号 00~03。也可从全局变量 _IO_Xx_ST_yy 中读取模拟量输入状态，其中"x"代表扩展插槽编号 1~4，"yy"代表状态值编号 00~02。

4.4.4　功能性插件模块与扩展模块的比较

Micro850 PLC 的功能性插件与扩展 I/O 模块，虽然表面看起来，两种模块是可以互相取代的，但实际上两者在性能特点有很多不同。用户在实际使用时，应根据两种类型模块的参数特点结合应用需求选择合理地方案。表 4-18 是 Micro850 功能性插件与扩展 I/O 模块的性能比较。

表 4-18　Micro850 功能性插件与扩展 I/O 模块的性能比较

序号	特点	功能性插件	扩展 I/O 模块
1	接线端子	不可拆卸	可拆卸
2	输入隔离	不可离	可离
3	模拟量转换精度	12- 位，1% 精度	12- 位，0.1% 精度
4	滤波时间	固定 50/60Hz	可设置
5	I/O 模块密度	2 点到 4 点	4 点到 32 点
6	尺寸大小	不增加原有尺寸	会增加安装原有尺寸
7	不同的模块种类	隔离串口，内存备份模块，RTC,支持第三方模块	交流输入 / 输出模块

4.5　Micro800 系列控制器的网络通信

4.5.1　NetLinx 网络架构及 CIP

1. NetLinx 三层网络架构

NetLinx 是罗克韦尔自动化公司根据现代工业控制系统的发展趋势提出的开放式网络架构解决方案，通过网络架构把自动化系统分成若干个，实现各个部分对通信的要求。这样，通过架构的网络系统，使现代工业控制系统根据实际需求连接罗克韦尔自动化控制平台、可视化平台和企业级信息平台，从而形成一个现代化的综合自动化系统。

根据 IEC61158 国际现场总线标准，NetLinx 体系结构由信息层网络 EtherNet/IP、控制层网络 ControlNet 与设备层网络 DeviceNet 组成，如图 4-29 所示。该体系结构是从底层到顶层全部开放式，控制系统采用扁平的网络体系结构使其功能高度分散，网络、设备诊断和纠错功能变得非常强大，同时接线、安装、系统调试时间大大减少，可实现数据共享和主 / 从、多主、广播和对等的通行结构。NetLinx 体系结构采用了 CIP 实现三种网络之间的信息透明互访。

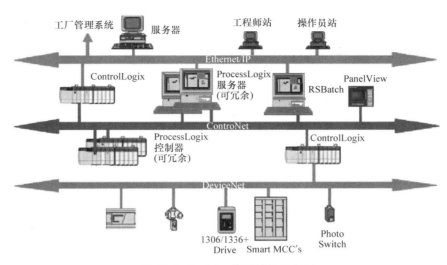

图 4-29　NetLinx 体系结构示意图

NetLinx 定义了 3 种最基本的功能：

1）实时控制。基于控制器或智能设备内所存储的组态信息，通过网络通信中的状态变化实现实时控制。

2）网络组态。通过总线既可实现对同层网络的组态，也可实现上层网络对下层网络的组态，可以在网络启动时进行，而设备参数修改和控制器逻辑修改，也可在线通过网络实现。

3）数据采集。基于既定节拍或应用需要方便地实现数据采集。所需要的数据通过人机接口显示，包括趋势分析、闭环管理、系统维护和故障诊断等。

2. 通用工业协议（CIP）

通用工业协议（Common Industrial Protocol，CIP）是一种为工业应用开发的应用层协议，被工业以太网、控制网和设备网 3 种网络所采用，3 种类型的协议在各自网络底层协议的支持下，CIP 用不同的方式传输不同类型的报文，以满足他们对传输服务质量的不同要求。

根据不同类型的网络对传输服务质量要求的不同，CIP 把所传输的数据分为显示报文和隐式报文两种。显示报文用于传输对时间没有苛刻的数据，它是基于源 / 目的地模型，只能用于两个节点之间的通信，客户发出请求，服务器做出响应，如程序的上载、下载、系统维护、故障诊断、设备配置等。图 4-30 为 CIP 显示报文通信原理图。

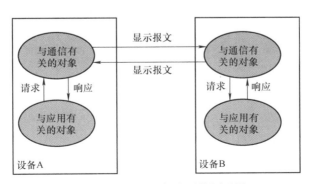

图 4-30　CIP 显示报文通信原理图

CIP 隐式报文通信用于传输，对时间有苛求的数据，基于生产者 / 消费者模型，采用多播的方式，如 I/O、实时互锁等。图 4-31 为 CIP 隐式报文通信原理图。

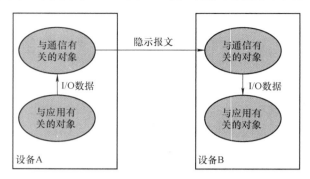

图 4-31　CIP 隐式报文通信原理

CIP 还有一个重要的特点是面向连接，即在通信开始之前必须建立起连接，获取唯一的连接标识符（connection ID），如果连接涉及双向的数据传输，就需要两个 CID，CID 的定义及格式与具体网络有关。

3. 三种 CIP

1）工业以太网 EtherNet/IP　EtherNet/IP 与 ISO/OSI 模型的对应关系如图 4-32 所示，其中第一层物理层和第二层数据链路层标准由 IEEE802.3 规定，网络层和传输层由 TCP/UDP/IP 组规定，用传送控制协议 TCP 传送消息数据，用连接设备协议 UDP 传送 I/O 数据，应用层则采用控制与信息协议 CIP。

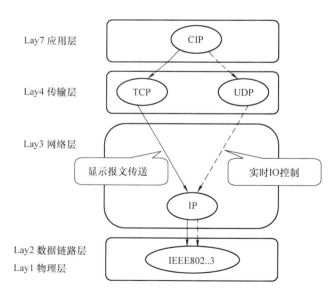

图 4-32　EtherNet/IP 网络结构

工业以太网 EtherNet/IP 将控制系统与监视和信息管理系统进行集成，以满足标准工业以太网技术，同时采用 EtherNet 和 TCP/IP 技术传输 CIP 通信包。表 4-19 为 EtherNet/IP 的主要特点和功能。EtherNet/IP 在物理层和数据链路层采用以太网，通过以太网控制器芯片实现。

表 4-19　EtherNet/IP 的主要特点和功能

网络大小	最多 1024 个节点	传输介质	同轴电缆、光纤、双绞线
网络长度	10m	总线拓扑结构	星形，总线型
波特率	10Mbit/s	传输寻址	主从、对等、多主等
数据包	0~1500B	系统特性	网络不供电，介质冗余，机器设备热插拔

　　2）控制网 ControlNet　ControlNet 总线协议基于 ISO 模型，其分层结构如图 4-33 所示，ControlNet 没有 OSI 七层模型中的会话层，ControlNet 的对象与对象模型相当于 OSI 的应用层，数据管理相当于 OSI 的表示层，报文路由传输与连接管理相当于 OSI 的传输层和网络层。

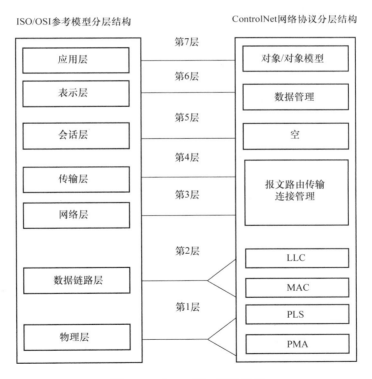

图 4-33　ControlNet 网络结构

　　控制网 ControlNet 的适用于确定性、可重复性、实时性和传输的数据量要求较高的场合。表 4-20 为 ControlNet 的主要特点和功能，表中特点是通过以下方面保证：

　　• 应用层使用 CIP，CIP 对不同类型的报文采用不同的传输方法，且 CIP 提供对多播的支持。

- 数据链路层的 MAC 子层采用"同时间域多路访问协议"（CTDMA）。
- ControlNet 通信波特率相对较高，传输相同量的数据花费的时间相对较少，或者可以在单位时间内传输相对较多的数据。

表 4-20   ControlNet 的主要特点和功能

网络大小	最多 99 个节点	传输介质	同轴电缆，光纤
网络长度	1km（同轴电缆） 3km（光纤）	总线拓扑结构	主干 - 分支、星形、总线型
波特率	5Mbit/s	传输寻址	主从、对等、多主等
数据包	0~510B	系统特性	总线不供电、介质冗余、支持设备热插拔

3）设备网 DeviceNet   DeviceNet 网络结构主要对应于 ISO/OSI 网络架构的第 0 层（介质层）、第 1 层（物理层）、第 2 层（数据链路层）和第 7 层（应用层），如图 4-34 所示。在物理层上，对 DeviceNet 网络节点的物理连接作了清楚的规定；在介质层上，对连接器、电缆类型和电缆长度，以及通信相关的指示器、开关等做了详细规定；在物理层上，信号 PLS 和数据链路层的媒体访问控制 MAC 的协议规范则使用 CAN 总线协议。CAN 协议使面向消息、每个消息都有规定的优先级，可以在多个节点同时发送时，对总线的访问进行仲裁处理。

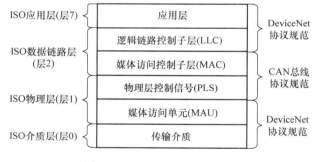

图 4-34   DeviceNet 网络结构

4. 基于 EtherNet/IP 工业以太网的新型网络架构

为了适应工业现场的应用要求，各种工业以太网产品在材质的选用、产品的强度、适用性、可互操作性、可靠性、抗干扰性和安全性等方面都不断地做出改进。目前，HSE、Modbus TCP/IP、ProfiNet、EtherNet/IP 等 4 种类型应用层协议的工业以太网已经得到了广泛的应用。

图 4-35 为基于 EtherNet/IP 工业以太网的工业控制系统结构示意图。该系统摒弃了传统的控制网和设备网，全部采用工业以太网设备，让第三方设备直接通过网关连接到 EtherNet/IP 网络上，让整个控制系统更加简单，设备种类减少，让厂级监控到现场控制前的数据通信变得更加直接。

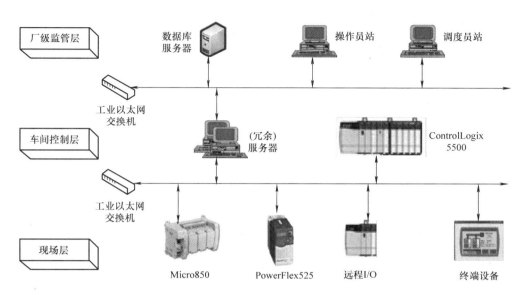

图 4-35　基于 EtherNet/IP 工业以太网的工业控制系统结构示意图

4.5.2　Micro800 系列控制器的网络结构

1. Micro850 控制器支持的通信方式

Micro850 控制器通过嵌入式 RS232/485 串行端口以及任何已安装的串行端口功能性插件模块支持以下串行通信协议：

- Modbus TCP/IP 主站和从站；
- CIP Serial 服务器（仅 RS232）；
- ASCII（仅 RS232）。

新增加的 CIP Serial 的主要的应用是：第一，通过串口连接到终端（Panel View Component，PVC），该方式与 Modbus 通信相比，易用性显著改善。第二，可利用串口将远程调制解调器连接到 CCW（一体化编程组态软件）。

Micro850 控制器支持以下以太网协议：

- EtherNet/IP 服务器；
- Modbus TCP 服务器
- DHCP 客服端。

2. Micro850 控制器网络架构

1）基于串行通信的控制网络结构。Micro850 控制器作为主控制器，通过 RS232/485 串行设备通信和终端设备通信，也可以通过 RS485 总线与变频器或伺服等其他串行设备通信。图 4-36 为基于串行通信的控制网络结构，上位机可以通过串行通信或以太网与控制器通信，也可以通过 USB 口下载终断程序。同时，当控制器需要多个串口时，可以添加串行通信功能插件。

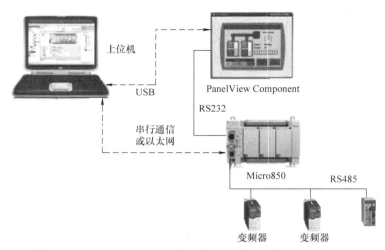

图 4-36 基于串行通信的控制网络结构

2）基于 EtherNet/IP 的控制网络结构。图 4-37 为基于 EtherNet/IP 的控制网络结构。系统中各种控制器、终端设备、变频器、上位机等都通过以太网连接，实现数据交换，Micro850 控制器可以与网络中的其他 Logix 控制器通信，组成更大规模的控制网络，实现更广泛的监控功能，同时在上位机中安装控制器 OPC 服务器，与控制器进行数据交换。

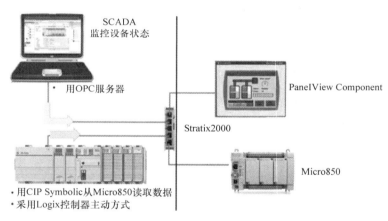

图 4-37 基于 EtherNet/IP 的控制网络结构

4.5.3 Micro800 系列控制器通信组态

1. USB 通信组态

将 USB 电缆分别连接到控制器和计算机的 USB 接口上，当控制器和计算机第一次连接时，会自动弹出安装 USB 连接驱动窗口，选择第一个选项，单击"下一步"。USB 驱动安装成功后，即可运行 CCW（一体化编程组态软件）。打开一个工程项目，双击控制器的图标。在弹出的窗口中选择"Connect"按钮，会弹出连接对话框，如图 4-38 所示。从对话框中选中要连接的控制器，从而完成通过 USB 接口的连接，连接成功后，可以下载程序和监控程序的运行。

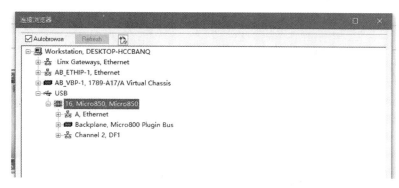

图 4-38 USB 驱动安装成功后的连接窗口

2. 配置串行端口

配置串行端口可利用 CCW（一体化编程组态软件）中的设备组态树将串行端口驱动程序配置为 CIP Serial、Modbus RTU、ASCII 或关闭。

（1）配置 CIP Serial 驱动程序

1）打开 CCW（一体化编程组态软件），在设备组态树中，转到"控制器"（Controller）属性。单击"串行端口"（Serial Port）。

2）从"驱动程序"（Driver）字段中选择"CIP Serial"。

3）指定波特率。选择各系统中所有设备均支持的通信速率。将系统中的所有设备配置为同一通信速率。默认波特率设为 38 400bit/s。在大多数情况下，"奇偶校验"（Parity）和"站地址"（Station Address）应保留默认设置。

4）单击"高级设置"（Advanced Setting）设置高级参数。有关 CIP Serial 驱动程序参数的描述见表 4-21。

表 4-21　CIP Serial 驱动程序参数及设置

参数	选项	默认值
波特率	通信速率可在值 1200、2400、4800、9600、19200、38400 之间切换	38400
奇偶校验	指定串行端口的奇偶校验设置。"奇偶校验"可进行附加消息包错误检测。可选择"偶校验""奇校验"或"无校验"	无校验
站地址	DF1 主站串行端口的站地址。唯一的有效地址为 1	1
DF1 模式	DF1 全双工（只读）	默认情况下配置为全双工
控制行	无握手（no full duplex）（只读）	默认情况下配置为无握手
重复数据包检测	检测和消除消息的重复响应，如果发送方的重复次数未设为 O，则可能在噪声通信环境下发送重复数据包。可在"已启用"（Enabled）和"已禁用"（Disabled）之间切换	已启用
错误检测	可在 CRC 和 BCC 之间切换	CRC
嵌入式响应	要使用嵌入式响应，需选择"无条件启用"（EnabledUnonditinally）。如果想让控制器仅在检测到另一个设备的嵌入式响应时使用嵌入式响应，需选择"接收到一个消息后"（After One Received）；如果正在与另一个 Allen-Bradley 设备通信，需选择"无条件启用"（Enabled Unconditionally）。嵌入式响应会提高网络通信效率	接收到一个消息后

（续）

参数	选项	默认值
NAK 重试	由于处理器接收到之前消息包传送的 NAK 响应而使控制器再次发送消息包的次数	3
ENQ 重试	ACK 超时后希望控制器发送的查询（ENQ）次数	3
传送重试	指定在声明无法送达消息之前，首次尝试之后的重试次数。输入一个 0~127 之间的数值	3
RTS 关断延迟	指定将最后一个串行字符发送到调制解调器到取消激活 RTS 之间的延迟时间。留给调制解调器额外的时间传输数据包的最后一个字符。有效范围为 0~255，可将增量设为 5ms	0
RTS 发生延迟	指定设置 RTS，直到检查 CTS 响应之间的时间延迟。与收到 RTS 后来不及立即响应 CTS 的调制解调器配合使用。有效范围为 0~255，可将增量设为 5ms	0

（2）配置 Modbus RTU

1）打开 CCW（一体化编程组态软件）项目。在设备组态树中，转到"控制器"（Controller）属性。单击"串行端口"（Serial Port）。

2）从"驱动程序"（Driver）字段中选择"Modbus RTU"（Modbus RTU）。

3）指定以下参数：波特率、奇偶校验、单元地址及 Modbus 角色（即是主站（Master）、从站（Slave）或自动（Auto）。波特率的默认值是 19200，奇偶校验默认值为无校验（None），Modbus 角色默认值为主站。

4）单击"高级设置"设置高级参数。有关高级参数的适用选项和默认配置，见表 4-22。

表 4-22　Modbus RTU 高级参数

参数	选项	默认值
介质（Media）	RS232，RS232 RTS/CTS，RS485	RS232
数据位（Data bits）	始终为 8	8
停止位（Stop bits）	1，2	1
响应时间（Response timer）	0~999，999，999ms	200
广播暂停（Broadcast Pause）	0~999，999，999ms	200
内部字符超时（Inter-chartimeout）	0~999，999，999ms	0
RTS 预延迟（RTSPre-delay）	0~999，999，999ms	0
RTS 后延迟（RTS Post-delay）	0~999，999，999ms	0

（3）配置 ASCII

1）打开 CCW（一体化编程组态软件）项目。在设备组态树中，转到"控制器"（Controller）属性。单击"串行端口"（Serial Port）。

2）在"驱动程序"（Driver）字段中选择"ASCII"。

3）指定波特率和奇偶校验。波特率的默认值是 19200，奇偶校验设置为无校验（None）。

4）单击"高级设置"（Advanced Settings）配置高级参数，见表 4-23。

表 4-23　ASCII 高级参数

参数	选项	默认值
控制行（Control Line）	全双工（Full Duplex） 带连续载波的半双工（Half-duplex with continuous carrier） 不带连续载波的半双工（Halfduplex without continuous carrier） 无握手（No Handshake）	无握手（No Handshake）
删除模式（Deletion Mode）	CRT 忽略（Ignore） 打印机（Printer）	忽略（Ignore）
数据位（Data bits）	7，8	8
停止位（Stop bits）	1，2	1
XON/XOFF	启用或禁用	禁用
回应模式（Echo Mode）	启用或禁用	禁用
附加字符（Append Chars）	0x0D、0x0A 或用户指定值	0x0D、0x0A
端子字符（Term Chars）	0x0D、0x0A 或用户指定值	0x0D、0x0A

3. EtherNet 通信配置

1）打开 CCW（一体化编程组态软件）项目（例如，Micro850）。在设备组态树中转到"控制器"（Controller）属性。单击"以太网"（EtherNet）。

2）在"以太网"（EtherNet）下，单击"Internet 协议"（Internet Protocol）。配置"Internet"协议（IP）设置"（Internet Protocol（IP）Settings）。指定是"使用 DHCP 自动获取 IP 地址"（Obtain the IP address automatically using DHCP）还是手动配置"IP 地址"（IP address）、"子网掩码"（Subnet mask）和"网关地址"（Gateway address）。

3）单击"检测重复 IP 地址"（Detect duplicate IP address）复选框以启用重复地址的检测。

4）在"以太网"（EtherNet）下，单击"端口设置"（Port Settings）。

5）设置端口状态（Port State）为"启用"（Enabled）或"用"（Disabled）。

6）要手动设置连接速度和双工，取消选中"自动协调速度和双工"（Auto-Negotiate speed and duplexity）选项框。然后，设置"速度"（Speed）（10 或 100Mbit/s）和"双工"（Duplexity）"半双工"（Half）或"全双工"（Full）值。

7）如果希望将这些设置保存到控制器，则单击"保存设置到控制器"（Save Settings to Controller）。

8）在设备组态树上的"以太网"（EtherNet）下，单击"端口诊断"（Port Diagnostics），监视接口和介质计数器。控制器处于调试模式时，可使用和更新计数器。

第 5 章

Micro800 系列控制指令系统

5.1 Micro800 系列 PLC 编程基础

5.1.1 编程语言

PLC 的编程语言与一般计算机语言相比具有明显的特点，它既不同于一般高级语言，也不同于一般汇编语言，它既要易于编写又要易于调试。

PLC 的编程语言是面向用户，不要求使用者具备高深的知识，不需要长时间的专门训练。Micro800 系列 PLC 为用户提供了多种编程语言，以适应编制用户程序的需要，Micro800 系列 PLC 提供的编程语言通常有以下几种：梯形图、结构化文本和功能模块图。

1. 梯形图语言

梯形图（LAD）语言是一种图形语言，类似于继电器控制线路图的一种编程语言，与电气操作原理图相对应，具有直观性和对应性；与继电器控制相一致，电气设计人员易于掌握。它面向控制过程，直观易懂，是 PLC 编程语言中应用最多的一种语言。因此，各种机型的 PLC 都把梯形图作为第一个编程语言。

（1）梯形图的格式

梯形图可以由多个梯级组成，而每一个梯级从左向右由输入指令和输出指令组成，如图 5-1 所示。当输入指令的条件为真时，开始执行输出指令，否则输出指令不执行。

图 5-1　梯形图基本结构

（2）梯形图的注意事项

1）梯形图中每个梯级流过的电流不是物理电流，而是"概念电流"，两端没有电源，电流从左流向右，该概念电流只是形象描述用户程序执行中应满足线圈接通的条件。且梯形图中内部的继电器不是实际存在的继电器，应用时，应与继电器控制技术的相关概念区别对待。

2）梯形图的执行程序按照自上而下、从左往右的顺序。

3）输入指令左边垂直的直线称为起始母线，输出指令右边垂直的直线称为终止母线。

4）梯形图的起始母线有触点进行串、并联，终止母线与线圈相连接。

5）输入指令可以为一个条件，也可以为多个条件，当输入条件是串联关系时，梯形图运行指令时表示输入关系为"与"关系；当输入条件是并联关系时，梯形图运行指令时表示输入关系为"或"关系。输出指令不允许串联，但允许并联，表示梯形图条件为真时，几个输出指令可一并执行。不同类型的梯形图如图 5-2 所示。

6）梯形图中只出现输入继电器的触点，用于接收外部输入信号，输出继电器线圈得电时，输出程序将执行结果传送给外部输出设备，通常通过输出接口的继电器、晶体管或晶闸管实现。

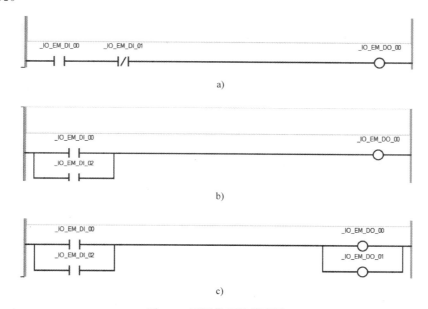

图 5-2　不同类型的梯形图

a）单输入单输出梯形图　b）多输入单输出梯形图　c）多输入多输出梯形图

2. 功能模块图语言

功能模块图语言是与数字逻辑电路类似的一种 PLC 编程语言。采用功能模块图的形式来表示模块所具有的功能，不同的功能模块有不同的功能。功能模块图编程语言的特点是以功能模块为单位，分析理解控制方案简单容易；功能模块是用图形的形式表达功能，直观性强，对于具有数字逻辑电路基础的设计人员很容易掌握编程；对规模大、控制逻辑关系复杂的控制系统，由于功能模块图能够清楚表达功能关系，使编程调试时间大大减少。图 5-3 为功能模块图语言。

3. 结构化文本语言

结构化文本（ST）语言是用结构化的描述文本来描述程序的一种编程语言。它是类似于高级语言的一种编程语言。在大中型的 PLC 系统中，常采用结构化文本来描述控制系统

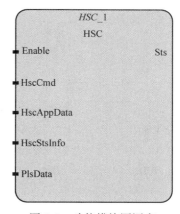

图 5-3　功能模块图语言

中各个变量的关系。主要用于其他编程语言较难实现的用户程序编制。

结构化文本编程语言采用计算机的描述方式来描述系统中各种变量之间的各种运算关系，完成所需的功能或操作。大多数 PLC 制造商采用的结构化文本编程语言与 BASIC 语言、Pascal 语言或 C 语言等高级语言相类似，但为了应用方便，在语句的表达方法及语句的种类等方面都进行了简化。结构化文本编程语言的特点是采用高级语言进行编程，可以完成较复杂的控制运算，编写的程序更加简洁紧凑，但需要有一定的计算机高级语言的知识和编程技巧，对工程设计人员要求较高，且直观性和操作性较差。如图5-4 所示为 Micro800 系列的结构化文本。

图 5-4　Micro800 系列结构化文本

5.1.2　数据类型

Micro850 控制器的变量分为全局变量和本地变量，其中 I/O 变量默认为全局变量，全局变量在项目中的任何一个程序或功能块中都可以使用，而本地变量只能在它所在的程序中使用。不同类型的控制器 I/O 变量的类型和个数不同，I/O 变量可以在 CCW（一体化编程组态软件）中的全局变量中查看。I/O 变量的名字是固定的，但是可以对 I/O 变量标记别名，除了 I/O 变量以外，为了编程的需要还要建立一些中间变量，变量的类型用户可以自己选择。数据类型见表 5-1。

表 5-1　数据类型

数据类型	描述	下限	上限	存储器空间
BOOL	布尔量	FLASE	TURE	1 位
DATE	日期	1970/1/1	2038/1/18	32 位
BYTE	无符号短整形	0	255	8 位
WORD	无符号整形	0	65535	16 位
DWORD	无符号双整形	0	（2^32）−1	32 位
LWORD	无符号长整形	0	（2^64）−1	64 位
SINT	短整形	−128	127	8 位
INT	整形	−32768	32767	16 位
DINT	双整形	−2^31	（2^31）−1	32 位
LINT	长整形	−2^63	（2^63）−1	64 位
USINT	无符号短整形	0	255	8 位
UINT	无符号整形	0	65535	16 位
UDINT	无符号双整形	0	（2^32）−1	32 位
ULINT	无符号长整形	0	（2^64）−1	64 位
REAL	实数	−3.40282E+38	3.40E+38	32 位
LREAL	长实数	−1.7976931348623158E+308	1.7976931348623158E+308	64 位
STRING	字符串	0（ASCII）	255（ASCII）	8 位
TIME	时间	0	49d17h2m47s294ms	32 位

在项目组织器中，还可以建立新的数据类型，用来在变量编辑器中定义数组和字，这样方便定义大量相同类型的变量，变量的命名有如下规则：

1）名称不能超过 128 个字符。

2）首字符必须为字母。

3）后续字符可以为字母、数字或者下划线字符。

数组也常常应用于编程中，下面介绍在项目中怎样建立数组，要建立数组首先要在 CCW 项目组织器窗口中找到 data types，打开后建立一个数组的类型，如图 5-5 所示，建立数组类型的名称为 a，数据类型为布尔型，建立一维数组，数组数据个数为 11（维度一栏写 0..10），打开全局变量列表，建立名为 ttt 的数组，数据类型选择为 a，如图 5-6 所示。同理，建立二维数组时，维度一栏写 0..10，0..10。

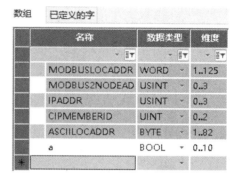

图 5-5　定义数组的数据结构

图 5-6　建立数组

5.2　Micro800 系列基本指令

5.2.1　梯级（Rungs）

梯级是梯形图的组成元素，它表示一组电子元件线圈的激活（输出）。梯级在梯形图中可以有标签，以确定它们在梯形图中的位置。标签和跳转指令（jumps）配合使用，控制梯形图的执行。梯级示意图如图 5-7 所示。

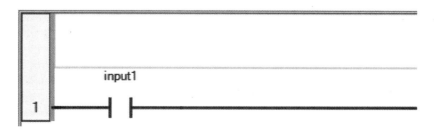

图 5-7　梯形图梯级示意图

5.2.2 线圈（Coils）

线圈是梯形图程序的图形组件，表示输出或内部变量的赋值。在梯形图程序中，线圈代表操作。线圈的左端必须与一个布尔符号（如接触或指令块的布尔输出）相连。

线圈只能添加到梯形图语言编辑器中定义的梯级。将线圈添加到梯级之后，可以修改线圈定义。线圈分为以下几种类型。

1. 直接线圈

直接线圈支持连接线布尔状态的布尔输出，如图 5-8 所示。

并联变量被赋予左侧连接的布尔状态。左侧连接的状态将传播至右侧连接。右侧连接必须与右侧终止母线相连。梯级示意图如图 5-9 所示。

图 5-8　直接输出元件

图 5-9　线圈连接示意图

2. 反向线圈

反向线圈元素根据连接线状态的布尔非运算结果支持布尔输出，如图 5-10 所示。

关联变量的值为左侧连接线状态的布尔非运算结果。左侧连接的状态将传播至右侧连接。右侧连接必须与右侧终止母线相连。梯级示意图如图 5-11 所示。

图 5-10　反向输出元件

图 5-11　反向输出连接示意图

3. 设置线圈

设置线圈支持连接线布尔状态的布尔输出，如图 5-12 所示。

左侧连接的布尔状态置为"真"时，并联的变量将置为"真"。输出变量将一直保持此值，直到复位线圈发出反向指

图 5-12　设置（置位）输出元件

令为止。左侧连接的状态将传播至右侧连接。右侧连接必须与右侧终止母线相连。梯级示意图如图 5-13 所示。

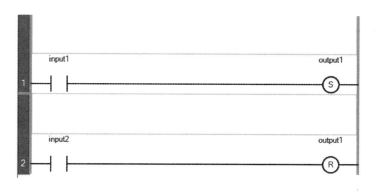

图 5-13　置位 / 复位线圈示意图

4. 重设线圈

重设线圈支持连接线布尔状态的布尔输出。

左侧连接的布尔状态置为"真"时，关联的变量将重置为"假"。输出变量将一直保持此值，直到置位线圈发出反向指令为止。左侧连接的状态将传播至右侧连接。右侧连接必须与右侧终止母线相连。梯级示意图如图 5-14 所示。

5. 脉冲上升沿的线圈

脉冲上升沿（或正值）的线圈支持连接线布尔状态的布尔输出，如图 5-15 所示。

图 5-14　重设（复位）输出元件　　　　　图 5-15　脉冲上升沿输出元件

左侧连接的布尔状态从"假"上升为"真"时，关联的变量将置为"真"。输出变量在所有其他情况下都将重置为"假"。左侧连接的状态将传播至右侧连接。右侧连接必须与右侧终止母线相连。梯级示意图如图 5-16 所示。

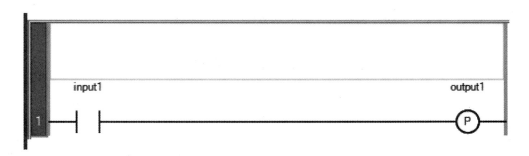

图 5-16　脉冲上升沿示意图

6. 脉冲下降沿的线圈

下降沿（或负值）的线圈支持连接线布尔状态的布尔输出，如图 5-17 所示。

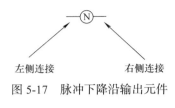

左侧连接的布尔状态从"真"下降为"假"时，关联的变量将置为"真"。输出变量在所有其他情况下都将重置为"假"。左侧连接的状态将传播至右侧连接。右侧连接必须与右侧终止母线相连。梯级示意图如图 5-18 所示。

图 5-17　脉冲下降沿输出元件

图 5-18　脉冲下降沿示意图

5.2.3　接触器（Contact）

接触器是梯形图程序的图形组件，在梯形图中代表一个输入的值或者是一个内部变量，通常相当于一个开关或按钮的作用。有以下几种连接类型。

1. 直接接触

直接接触支持在连接线状态与布尔变量之间进行布尔运算，如图 5-19 所示。

接触右侧连接线的状态是左侧连接线的状态与接触所关联变量的值之间进行逻辑"与"运算后得到的结果。梯级示意图如图 5-20 所示。

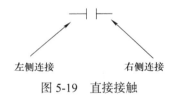

图 5-19　直接接触

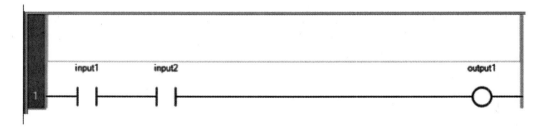

图 5-20　直接接触梯级示意图

2. 反向接触

反向接触支持对布尔变量进行布尔非运算后再与连接线状态进行布尔运算，如图 5-21 所示。

接触右侧连接线的状态是对触点所关联变量的值进行布尔非运算后再与左侧连接线的状态进行逻辑"与"运算后得

图 5-21　反向接触

到的结果。梯级示意图如图 5-22 所示。

图 5-22　反向接触梯级示意图

3. 脉冲上升沿接触

脉冲上升沿（或正值）接触支持在连接线状态与布尔变量的上升沿之间进行布尔运算，如图 5-23 所示。

在左侧连接线的状态为"真"，所关联变量的状态由"假"上升为"真"时，接触右侧的连接线的状态将设为"真"。该状态在所有其他情况下都将重置为"假"。梯级示意图如图 5-24 所示。

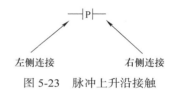

图 5-23　脉冲上升沿接触

图 5-24　脉冲上升沿接触梯级示意图

4. 脉冲下降沿接触

脉冲下降沿（或负值）接触支持在连接线状态与布尔变量的下降沿之间进行布尔运算，如图 5-25 所示。

左侧连接线的状态为"真"，所关联变量的状态由"真"下降为"假"时，接触右侧连接线的状态将设为"真"。该状态在所有其他情况下都将重置为"假"。梯级示意图如图 5-26 所示。

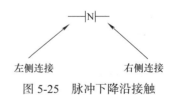

图 5-25　脉冲下降沿接触

图 5-26　脉冲下降沿接触梯级示意图

5.3 Micro800 系列指令块

5.3.1 算术指令

1. 算术运算

1）加法（"+"） 两个或多个整型、实型、时间或字符串相加。其功能块如图 5-27 所示，参数见表 5-2。

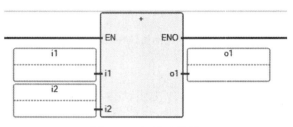

图 5-27 加法功能块

表 5-2 加法参数

参数	参数类型	数据类型	描述
EN	输入	BOOL	启用指令 TRUE - 执行当前相加计算 FALSE - 不执行任何计算 仅适用于梯形图编程
i1	输入	SINT、USINT、BYTE、INT、UINT、WORD、DINT、UDINT、DWORD、LINT、ULINT、LWORD、REAL、LREAL、TIME、STRING	整型、时间或字符串数据类型的加数 所有输入的数据类型必须相同
i2	输入	SINT、USINT、BYTE、INT、UINT、WORD、DINT、UDINT、DWORD、LINT、ULINT、LWORD、REAL、LREAL、TIME、STRING	整型、时间或字符串数据类型的加数 所有输入的数据类型必须相同
o1	输出	SINT、USINT、BYTE、INT、UINT、WORD、DINT、UDINT、DWORD、LINT、ULINT、LWORD、REAL、LREAL、TIME、STRING	实型、时间或字符串格式的输入值的和 输入和输出必须使用相同的数据类型
ENO	输出	BOOL	启用"输出" 适用于梯形图编程

2）减法（"–"） 用一个整型、实型或时间值减去另一个整型、实型或时间值。其功能块如图 5-28 所示，参数见表 5-3。

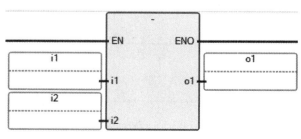

图 5-28 减法功能块

表 5-3　减法参数

参数	参数类型	数据类型	描述
EN	输入	BOOL	启用指令 TRUE - 执行当前相减计算 FALSE - 不执行任何计算 仅适用于梯形图编程
i1	输入	SINT、USINT、BYTE、INT、UINT、WORD、DINT、UDINT、DWORD、LINT、ULINT、LWORD、REAL、LREAL、TIME	任意整型、实型或时间数据类型的被减数 所有输入的数据类型必须相同
i2	输入	SINT、USINT、BYTE、INT、UINT、WORD、DINT、UDINT、DWORD、LINT、ULINT、LWORD、REAL、LREAL、TIME	任意整型、实型或时间数据类型的减数 所有输入的数据类型必须相同
o1	输出	SINT、USINT、BYTE、INT、UINT、WORD、DINT、UDINT、DWORD、LINT、ULINT、LWORD、REAL、LREAL、TIME	任何整型、实型或时间数据类型的被减数和减数的区别 输出数据类型必须与输入相同
ENO	输出	BOOL	启用"输出" 适用于梯形图编程

3）乘法（"*"）　两个或多个整型或实型值相乘。其功能块如图 5-29 所示，参数见表 5-4。

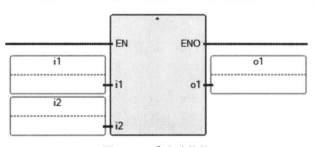

图 5-29　乘法功能块

表 5-4　乘法参数

参数	参数类型	数据类型	描述
EN	输入	BOOL	启用指令 TRUE - 执行当前相乘计算 FALSE - 不执行任何计算 仅适用于梯形图编程
i1	输入	SINT、USINT、BYTE、INT、UINT、WORD、DINT、UDINT、DWORD、LINT、ULINT、LWORD、REAL、LREAL	整型或实型数据类型的因数 所有输入的数据类型必须相同
i2	输入	SINT、USINT、BYTE、INT、UINT、WORD、DINT、UDINT、DWORD、LINT、ULINT、LWORD、REAL、LREAL	整型或实型数据类型的因数 所有输入的数据类型必须相同
o1	输出	SINT、USINT、BYTE、INT、UINT、WORD、DINT、UDINT、DWORD、LINT、ULINT、LWORD、REAL、LREAL	整型或实型数据类型输入的乘积 输入和输出必须使用相同的数据类型
ENO	输出	BOOL	启用"输出" 适用于梯形图编程

4）除法（"/"） 用第一个整型或实型输入值除以第二个整型或实型输入值。其功能块如图 5-30 所示，参数见表 5-5。

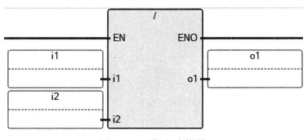

图 5-30   除法功能块

表 5-5   除法参数

参数	参数类型	数据类型	描述
EN	输入	BOOL	启用指令 TRUE - 执行当前相除计算 FALSE - 不执行任何计算 仅适用于梯形图编程
i1	输入	SINT、USINT、BYTE、INT、UINT、WORD、DINT、UDINT、DWORD、LINT、ULINT、LWORD、REAL、LREAL	非零整型或实型数据类型的被除数 所有输入的数据类型必须相同
i2	输入	SINT、USINT、BYTE、INT、UINT、WORD、DINT、UDINT、DWORD、LINT、ULINT、LWORD、REAL、LREAL	非零整型或实型数据类型的除数 所有输入的数据类型必须相同
o1	输出	SINT、USINT、BYTE、INT、UINT、WORD、DINT、UDINT、DWORD、LINT、ULINT、LWORD、REAL、LREAL	非零整型或实型数据类型输入的商 输入和输出必须使用相同的数据类型
ENO	输出	BOOL	启用"输出" 适用于梯形图编程

5）Neg（取反） 将值转换为反值。其功能块如图 5-31 所示，参数见表 5-6。

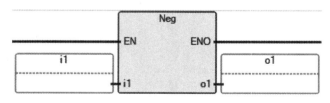

图 5-31   取反功能块

表 5-6   取反参数

参数	参数类型	数据类型	描述
EN	输入	BOOL	启用指令 TRUE - 执行当前转换为反变量的计算 FALSE - 不执行任何计算 仅适用于梯形图编程

（续）

参数	参数类型	数据类型	描述
i1	输入	SINT、INT、DINT、LINT、REAL、LREAL	输入和输出的数据类型必须相同
o1	输出	SINT、INT、DINT、LINT、REAL、LREAL	输入和输出的数据类型必须相同
ENO	输出	BOOL	启用"输出" 适用于梯形图编程

6）MOV（移动）　将输入（i1）值分配给输出（o1）。其功能块如图 5-32 所示，参数见表 5-7。

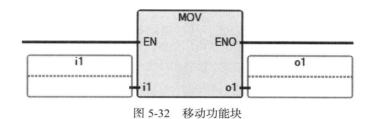

图 5-32　移动功能块

表 5-7　移动参数

参数	参数类型	数据类型	描述
EN	输入	BOOL	启用指令 TRUE - 执行直接链接到输出的计算 FALSE - 不执行任何计算 仅适用于梯形图编程
i1	输入	BOOL、DINT、REAL、TIME、STRING、SINT、USINT、INT、UINT、UDINT、LINT、ULINT、DATE、LREAL、BYTE、WORD、DWORD、LWORD	输入和输出的数据类型必须相同
o1	输出	BOOL、DINT、REAL、TIME、STRING、SINT、USINT、INT、UINT、UDINT、LINT、ULINT、DATE、LREAL、BYTE、WORD、DWORD、LWORD	输入和输出的数据类型必须相同
ENO	输出	BOOL	启用"输出" 适用于梯形图编程

2. 三角函数

1）SIN（正弦）　计算实型值的正弦。其功能块如图 5-33 所示，参数见表 5-8。

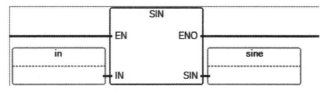

图 5-33　正弦功能块

表 5-8　正弦参数

参数	参数类型	数据类型	描述
EN	输入	BOOL	启用指令 TRUE - 执行当前正弦计算 FALSE - 不执行任何计算 适用于梯形图编程
IN	输入	REAL	任何实型值
SIN	输出	REAL	输入值的正弦（位于集合 [−1.0~ +1.0]）
ENO	输出	BOOL	启用"输出" 适用于梯形图编程

2）COS（余弦）　计算实型值的余弦。其功能块如图 5-34 所示，参数见表 5-9。

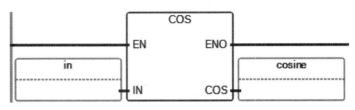

图 5-34　余弦功能块

表 5-9　余弦参数

参数	参数类型	数据类型	描述
EN	输入	BOOL	启用指令 TRUE - 执行当前余弦计算 FALSE - 不执行任何计算 适用于梯形图编程
IN	输入	REAL	任何实型值
COS	输出	REAL	输入值的余弦（位于集合 [−1.0~+1.0]）
ENO	输出	BOOL	启用"输出" 适用于梯形图编程

3）TAN（正切）　计算实型值的正切。其功能块如图 5-35 所示，参数见表 5-10。

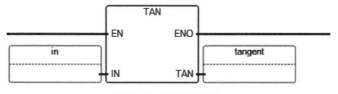

图 5-35　正切功能块

表 5-10　正切参数

参数	参数类型	数据类型	描述
EN	输入	BOOL	启用指令 TRUE - 执行当前正切计算 FALSE - 不执行任何计算 适用于梯形图编程
IN	输入	REAL	不能等于 PI/2 模 PI
TAN	输出	REAL	对于无效输入，输入值的正切 = 1E+38
ENO	输出	BOOL	启用"输出" 适用于梯形图编程

3. 反三角函数

1）ASIN（反正弦）　计算实型值的反正弦。输入值和输出值都以弧度表示。其功能块如图 5-36 所示，参数见表 5-11。

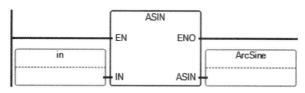

图 5-36　反正弦功能块

表 5-11　反正弦参数

参数	参数类型	数据类型	描述
EN	输入	BOOL	启用指令 TRUE - 执行当前反正弦计算 FALSE - 不执行任何计算 适用于梯形图编程
IN	输入	REAL	必须位于以下集合内：[−1.0~ +1.0]
ASIN	输出	REAL	对于无效输入，输入值的反正弦（位于集合 [−p1/2~ +p1/2] 内）=0
ENO	输出	BOOL	启用"输出" 适用于梯形图编程

2）ACOS（反余弦）　计算实型值的反余弦。输入值和输出值都以弧度表示。其功能块如图 5-37 所示，参数见表 5-12。

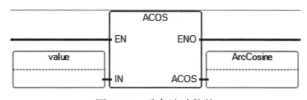

图 5-37　反余弦功能块

表 5-12　反余弦参数

参数	参数类型	数据类型	描述
EN	输入	BOOL	启用指令 TRUE - 执行当前反余弦计算 FALSE - 不执行任何计算 适用于梯形图编程
IN	输入	REAL	必须位于以下集合内：[−1.0~ +1.0]
ENO	输出	BOOL	启用"输出" 适用于梯形图编程
ACOS	输出	REAL	对于无效输入，输入值的反余弦（位于集合 [−p1/2~ +p1/2] ）=0

3）ATAN（反正切）　计算实型值的反正切。输入值和输出值都以弧度表示。其功能块如图 5-38 所示，参数见表 5-13。

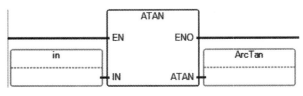

图 5-38　反正切功能块

表 5-13　反正切参数

参数	参数类型	数据类型	描述
EN	输入	BOOL	启用指令 TRUE - 执行当前反正切计算 FALSE - 不执行任何计算 适用于梯形图编程
IN	输入	REAL	任何实型值
ATAN	输出	REAL	对于无效输入，输入值的反正切（位于集合 [−PI/2~ +PI/2] 内) = 0.0
ENO	输出	BOOL	启用"输出" 适用于梯形图编程

4. 长实型三角函数

1）SIN_LREAL（正弦长实型）　计算长实型值的正弦。其功能块如图 5-39 所示，参数见表 5-14。

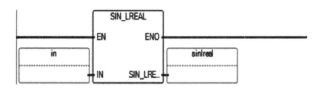

图 5-39　正弦长实型功能块

表 5-14　正弦长实型参数

参数	参数类型	数据类型	描述
EN	输入	BOOL	启用指令 TRUE - 执行当前计算 FALSE - 不执行任何计算 适用于梯形图编程
IN	输入	LREAL	任何长实型值
SIN_LREAL	输出	LREAL	输入值的正弦（位于集合 [−1.0~ +1.0]）
ENO	输出	BOOL	启用"输出" 适用于梯形图编程

2）COS_LREAL（余弦长实型）　计算长实型值的余弦。其功能块如图 5-40 所示，参数见表 5-15。

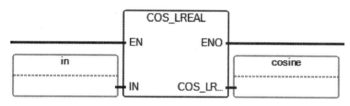

图 5-40　余弦长实型功能块

表 5-15　余弦长实型参数

参数	参数类型	数据类型	描述
EN	输入	BOOL	启用指令 TRUE - 执行当前余弦计算 FALSE - 不执行任何计算 适用于梯形图编程
IN	输入	LREAL	任何长实型值
COS_LREAL	输出	LREAL	输入值的余弦（位于集合 [−1.0~ +1.0]）
ENO	输出	BOOL	启用"输出" 适用于梯形图编程

3）TAN_LREAL（正切长实型）　计算长实型值的正切。其功能块如图 5-41 所示，参数见表 5-16。

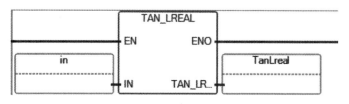

图 5-41　正切长实型功能块

表 5-16   正切长实型参数

参数	参数类型	数据类型	描述
EN	输入	BOOL	启用指令 TRUE - 执行当前计算 FALSE - 不执行任何计算 适用于梯形图编程
IN	输入	LREAL	不能等于 PI/2 模 PI
TAN_LREAL	输出	LREAL	对于无效输入，输入值的正切 = 1E+38
ENO	输出	BOOL	启用"输出" 适用于梯形图编程

5. 长实型反三角函数

1）ASIN_LREAL（长实型反正弦） 计算长实型值的反正弦。其功能块如图 5-42 所示，参数见表 5-17。

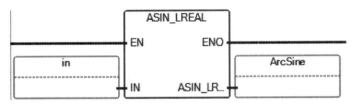

图 5-42   长实型反正弦功能块

表 5-17   长实型反正弦参数

参数	参数类型	数据类型	描述
EN	输入	BOOL	启用指令 TRUE - 执行当前计算 FALSE - 不执行任何计算 适用于梯形图编程
IN	输入	LREAL	必须位于以下集合内：[-1.0~ +1.0]
ASIN_LREAL	输出	LREAL	对于无效输入，输入值的反正弦（位于集合 [-PI/2~ +PI/2] 内）= 0.0
ENO	输出	BOOL	启用"输出" 适用于梯形图编程

2）ACOS_LREAL（长实型反余弦） 计算长实型值的反余弦。其功能块如图 5-43 所示，参数见表 5-18。

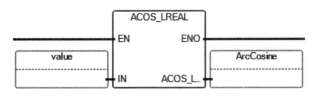

图 5-43   长实型反余弦功能块

表 5-18　长实型反余弦参数

参数	参数类型	数据类型	描述
EN	输入	BOOL	启用指令 TRUE - 执行当前计算 FALSE - 不执行任何计算 适用于梯形图编程
IN	输入	LREAL	必须位于以下集合内：[−1.0～+1.0]
ENO	输出	BOOL	启用"输出" 适用于梯形图编程
ACOS_LREAL	输出	LREAL	对于无效输入，输入值的反余弦（在集合 [0.0～PI] 内）= 0.0

3）ATAN_LREAL（长实型反正切）　计算长实型值的反正切。其功能块如图 5-44 所示，参数见表 5-19。

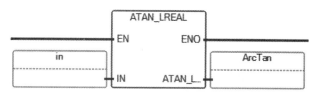

图 5-44　长实型反正切功能块

表 5-19　长实型反正切参数

参数	参数类型	数据类型	描述
EN	输入	BOOL	启用指令 TRUE - 执行当前计算 FALSE - 不执行任何计算 适用于梯形图编程
IN	输入	LREAL	任何长实型值
ATAN_LREAL	输出	LREAL	对于无效输入，输入值的反正切（位于集合 [−PI/2～+PI/2] 内）= 0.0
ENO	输出	BOOL	启用"输出" 适用于梯形图编程

6. 基本初等函数

1）POW（幂函数）　如果第一个参数为"base"，第二个参数为"exponent"，则计算（base exponent）的实型结果。其功能块如图 5-45 所示，参数见表 5-20。

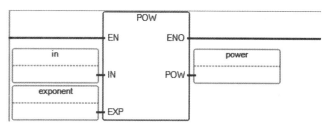

图 5-45　幂函数功能块

表 5-20 幂函数参数

参数	参数类型	数据类型	描述
EN	输入	BOOL	启用指令 TRUE - 执行当前指数计算 FALSE - 不执行任何计算 适用于梯形图编程
IN	输入	REAL	要计算指数的实型数
EXP	输入	REAL	幂（指数）
POW	输出	REAL	（IN EXP） 1.0（如果 IN 不为 0.0 而 EXP 为 0.0） 0.0（如果 IN 为 0.0 而 EXP 为负数） 0.0（如果 IN 和 EXP 都为 0.0） 0.0（如果 IN 为负数而 EXP 不对应于整数）
ENO	输出	BOOL	启用"输出" 适用于梯形图编程

2）EXPT（指数函数） 将 IN（基数）的值增加至 EXP（指数）的幂，并输出运算的实型结果。其功能块如图 5-46 所示，参数见表 5-21。

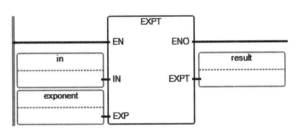

图 5-46 指数函数功能块

表 5-21 指数函数参数

参数	参数类型	数据类型	描述
EN	输入	BOOL	启用指令 TRUE - 执行当前指数计算 FALSE - 不执行任何计算
IN	输入	REAL	任何有符号实型值
EXP	输入	DINT	整型指数
EXPT	输出	REAL	IN 的实型值与 EXP 的幂
ENO	输出	BOOL	启用"输出" 适用于梯形图编程

3）LOG（对数函数）　计算实型值的对数（以 10 为底）。其功能块如图 5-47 所示，参数见表 5-22。

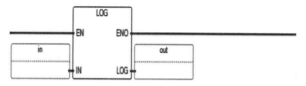

图 5-47　对数函数功能块

表 5-22　对数函数参数

参数	参数类型	数据类型	描述
EN	输入	BOOL	启用指令 TRUE - 执行当前对数计算 FALSE - 不执行任何计算
IN	输入	REAL	必须大于零
LOG	输出	REAL	输入值的对数（以 10 为底）。零 IN 值和负 IN 值的返回结果是 −3.4E+38
ENO	输出	BOOL	启用"输出" 适用于梯形图编程

7. ABS（绝对值）

返回实型值的绝对值（正值）。其功能块如图 5-48 所示，参数见表 5-23。

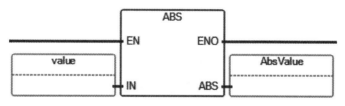

图 5-48　绝对值功能块

表 5-23　绝对值参数

参数	参数类型	数据类型	描述
EN	输入	BOOL	启用指令 TRUE - 执行当前绝对计算 FALSE - 不执行任何计算 适用于梯形图编程
IN	输入	REAL	任何有符号实型值
ENO	输出	BOOL	启用"输出" 适用于梯形图编程
ABS	输出	REAL	绝对值（始终为正数）

8. SQRT（平方根）

计算实型值的平方根。其功能块如图 5-49 所示，参数见表 5-24。

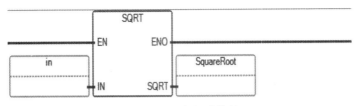

图 5-49　平方根功能块

表 5-24　平方根参数

参数	参数类型	数据类型	描述
EN	输入	BOOL	启用指令 TRUE - 执行当前平方根计算 FALSE - 不执行任何计算 适用于梯形图编程
IN	输入	REAL	必须大于或等于零
SQRT	输出	REAL	输入值的平方根。负 IN 值的返回结果是 0
ENO	输出	BOOL	启用"输出" 适用于梯形图编程

9. TRUNC（截断）

截断实型值，只保留整数。其功能块如图 5-50 所示，参数见表 5-25。

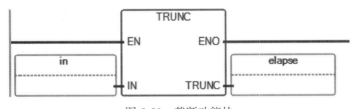

图 5-50　截断功能块

表 5-25　截断实型值参数

参数	参数类型	数据类型	描述
EN	输入	BOOL	启用指令 TRUE - 执行实型值截断计算 FALSE - 不执行任何计算 适用于梯形图编程
IN	输入	REAL	任何实型值
TRUNC	输出	REAL	如果 IN > 0，则最大整数值小于或等于输入值 如果 IN < 0，则最小整数值大于或等于输入值
ENO	输出	BOOL	启用"输出" 适用于梯形图编程

10. RAND（随机值）

从定义的范围计算随机整数值，其功能块如图 5-51 所示，参数见表 5-26。

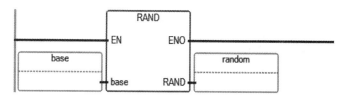

图 5-51　随机值功能块

表 5-26　随机值参数

参数	参数类型	数据类型	描述
EN	输入	BOOL	启用指令 TRUE - 执行随机整数值计算 FALSE - 不执行任何计算 适用于梯形图编程
Base	输入	DINT	定义支持的一组数字
RAND	输出	DINT	集合 [0~base-1] 内的随机数
ENO	输出	BOOL	启用"输出" 适用于梯形图编程

11. MOD（取余）

将 IN 输入除以基输入，并将其余数部分放置在 MOD 输出，其功能块如图 5-52 所示，参数见表 5-27。

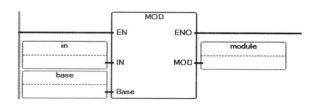

图 5-52　取余功能块

表 5-27　取余参数

参数	参数类型	数据类型	描述
EN	输入	BOOL	启用指令 TRUE - 执行模计算 FALSE - 不执行任何计算 适用于梯形图编程
IN	输入	DINT	任何有符号整型值
Base	输入	DINT	必须大于零
MOD	输出	DINT	模计算（输入 MOD Base）/ 如果 Base ≤ 0，则返回 −1
ENO	输出	BOOL	启用"输出" 适用于梯形图编程

5.3.2 布尔运算指令

1. AND（两个或多个项之间的布尔与操作）

在两个或多个值之间执行布尔与操作。其功能块如图 5-53 所示，参数见表 5-28。

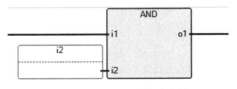

图 5-53　布尔与操作功能块

表 5-28　布尔与操作参数

参数	参数类型	数据类型	描述
i1	输入	BOOL	布尔数据类型中的值
i2	输入	BOOL	布尔数据类型中的值
o1	输出	BOOL	对输入值执行布尔与操作所得结果

2. OR（布尔或运算）

执行两个或多个布尔值的逻辑 OR 运算，并返回布尔值 TRUE（如果输入为 TRUE），否则返回 FALSE。其功能块如图 5-54 所示，参数见表 5-29。

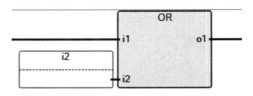

图 5-54　布尔或运算功能块

表 5-29　布尔或运算参数

参数	参数类型	数据类型	描述
i1	输入	BOOL	
i2	输入	BOOL	
o1	输出	BOOL	输入项的布尔或 TRUE - 当一个或多个输入为 TRUE 时 FALSE - 当输入为 FALSE 时

3. NOT（布尔变量取反运算）

将布尔值转换为反值。其功能块如图 5-55 所示，参数见表 5-30。

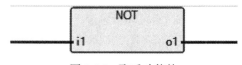

图 5-55　取反功能块

表 5-30　布尔变量取反运算参数

参数	参数类型	数据类型	描述
i1	输入	BOOL	任何布尔值或复杂表达式
o1	输出	BOOL	TRUE（当 IN 为 FALSE 时） FALSE（当 IN 为 TRUE 时）

4. R_TRIG（上升沿检测）

检测布尔变量的上升沿。其功能块如图 5-56 所示，参数见表 5-31。

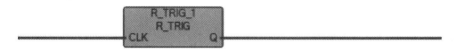

图 5-56　上升沿检测功能块

表 5-31　上升沿检测参数

参数	参数类型	数据类型	描述
CLK	输入	BOOL	任何布尔变量 TRUE - 检测到上升沿，将 Q 设置为 TRUE FALSE - 未检测到上升沿，将 Q 设置为 FALSE
Q	输出	BOOL	TRUE - 当 CLK 为 TRUE 时 FALSE - 在所有其他情况下

5. F_TRIG（下降沿检测）

检测布尔变量的下降沿。每次检测到下降沿时，设置又一个循环的输出。其功能块如图 5-57 所示，参数见表 5-32。

图 5-57　下降沿功能块

表 5-32　下降沿检测参数

参数	参数类型	数据类型	描述
CLK	输入	BOOL	检查下降沿的输入。任何布尔变量 TRUE - 未检测到下降沿 FALSE - 在输入 CLK 上检测到下降沿，将输出 Q 设置为 TRUE
Q	输出	BOOL	表示 Q 输出的状态 TRUE - 检测到下降沿，设置又一个循环的输出 Q FALSE - 输出 Q 不变

6. SR（设置 / 复位）

设置主导双稳态。其功能块如图 5-58 所示，参数见表 5-33。

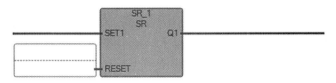

图 5-58　设置 / 复位功能块

表 5-33　设置 / 复位参数

参数	参数类型	数据类型	描述
SET1	输入	BOOL	TRUE - 将 Q1 设置为 TRUE
RESET	输入	BOOL	TRUE - 将 Q1 复位为 FALSE
Q1	输出	BOOL	布尔内存状态 TRUE - 当 SET1 为 TRUE 时 FALSE - 当 RESET 为 TRUE 时

7. RS（重置主导双稳态）

复位或设置主导双稳态。其功能块如图 5-59 所示，参数见表 5-34。

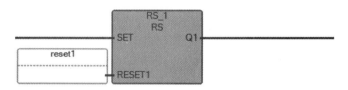

图 5-59　双稳态功能块

表 5-34　重置主导双稳态参数

参数	参数类型	数据类型	描述
SET	输入	BOOL	TRUE - 将 Q1 设置为 TRUE
RESET1	输入	BOOL	TRUE - 将 Q1 复位为 FALSE（主导）
Q1	输出	BOOL	布尔内存状态

8. XOR（布尔异或运算）

执行两个布尔值的异或运算。其功能块如图 5-60 所示，参数见表 5-35。

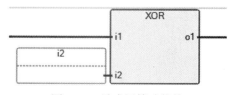

图 5-60　异或运算功能块

表 5-35　布尔异或运算参数

参数	参数类型	数据类型	描述
i1	输入	BOOL	
i2	输入	BOOL	
o1	输出	BOOL	两个输入项的布尔异或 TRUE - 当一个或两个输入都为 TRUE 时 FALSE - 当两个输入都为 FALSE 时

5.3.3　二进制操作指令

1. ROL（向左旋转）

对于 32 位整数，将整数位旋转到左侧。其功能块如图 5-61 所示，参数见表 5-36。

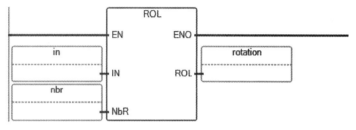

图 5-61　向左旋转功能块

表 5-36　向左旋转参数

参数	参数类型	数据类型	描述
EN	输入	BOOL	启用指令 TRUE - 执行向左旋转位整数值计算 FALSE - 不执行任何计算 适用于梯形图编程
IN	输入	DINT	整数值
NbR	输入	DINT	1 位旋转的数量（位于集合 [1~31] 内）
ROL	输出	DINT	左旋转的值。当 NbR ≤ 0 时，不发生任何更改
ENO	输出	BOOL	启用"输出" 适用于梯形图编程

2. ROR（向右旋转）

对于 32 位整数，将整数位旋转到右。其功能块如图 5-62 所示，参数见表 5-37。

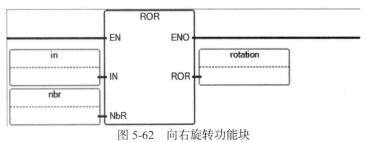

图 5-62　向右旋转功能块

表 5-37　向右旋转参数

参数	参数类型	数据类型	描述
EN	输入	BOOL	启用指令 TRUE - 执行向右旋转位整数值计算 FALSE - 不执行任何计算 适用于梯形图编程
IN	输入	DINT	任何整数值
NbR	输入	DINT	1 位旋转的数量（位于集合 [1~31] 内）
ROR	输出	DINT	右旋转的值。如果 NbR ≤ 0，则无效
ENO	输出	BOOL	启用"输出" 适用于梯形图编程

3. SHL（向左移动）

对于 32 位整数，将整数向左移动，并在最低有效位中置 0。其功能块如图 5-63 所示，参数见表 5-38。

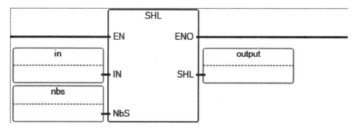

图 5-63　向左移动功能块

表 5-38　向左移动参数

参数	参数类型	数据类型	描述
EN	输入	BOOL	启用指令 TRUE - 将整数向左移动 FALSE - 不执行整数移动 适用于梯形图编程
IN	输入	DINT	任何整数值
NbS	输入	DINT	1 位移动的数量（位于集合 [1~31] 内）
SHL	输出	DINT	左移动的值。如果 NbR ≤ 0，则无效。如果值为 0，则替换最低有效位
ENO	输出	BOOL	启用"输出" 适用于梯形图编程

4. SHR（向右移动）

对于 32 位整数，将整数向右移动，并在最高有效位中置 0。其功能块如图 5-64 所示，参数见表 5-39。

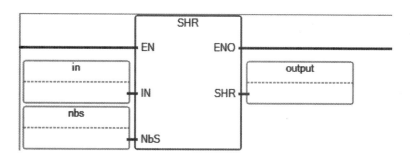

图 5-64   向右移动功能块

表 5-39   向右移动参数

参数	参数类型	数据类型	描述
EN	输入	BOOL	启用指令 TRUE - 将整数向右移动 FALSE - 不执行整数移动 适用于梯形图编程
IN	输入	DINT	任何整数值
NbS	输入	DINT	1 位移动的数量（位于集合 [1~31] 内）
SHR	输出	DINT	右移动的值。如果 NbR ≤ 0，则无效。如果值为 0，则替换最高有效位
ENO	输出	BOOL	启用"输出" 适用于梯形图编程

5. BSL（向左移动位）

将数组元素中的位向左移动。其功能块如图 5-65 所示，参数见表 5-40。BSL 错误代码见表 5-41。

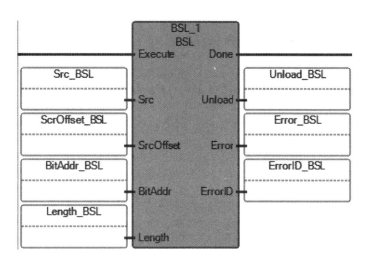

图 5-65   向左移动位功能块

表 5-40 向左移动位参数

参数	参数类型	数据类型	描述
Execute	输入	BOOL	启用指令 TRUE - 检测到上升沿，将位向左移动一个位置 • 首先确认故障条件 • 如果 Length=0，外部位已移动到 Unload 位。未在 Scr 上完成位移动。Error 和 ErrorID 位已复位。Done 位已置位 • 如果 Length > 0 并且 Length ≤ 2048，Error 和 ErrorID 位已复位。在位移动完成后，Done 位被置位 • 如果 Length > 0 并且 Length ≤ 2048，最左侧位（通过 Src + SrcOffset 和 Length 寻址）将复制到 Unload 位中，并且数组或非数组中的所有位向左移一位（最多为 Length 位和 16 位边界，BOOL 除外）。外部位移动到第一个元素的 0 位（Src+SrcOffset） FALSE - 未检测到上升沿，不启用 BSL 操作
Scr	输入	ANY_ELEMENTARY	要移动的 Src（位）的地址。支持的数据类型：BOOL、DWORD、INT、UINT、WORD、DINT 和 UDINT • 数组：将 Scr 设置为基于变量的地址，如 Source1、Source1[0] 或 Source1[1] • 非数组：将 Scr 设置为变量地址，如 Source1
SrcOffset	输入	UINT	如果 SrcOffset 为 0，则从第一个元素开始 • 数组：将 SrcOffset 设置为 0。如果设置为 Source1[0] 或 Source1[1]，将出现错误："源偏移超出数组大小" • 非数组：将 SrcOffset 设置为 0，否则将发生错误："源偏移超出数组大小"
BitAddr	输入	BOOL	移动到 Src 中的位的位置
Length	输入	UINT	Length 包含 Src 中要移动的位的数量。支持在数组元素之间移动 • 对于 BOOL 数据类型，为数组中要移动的布尔值的数量 • 对于 16 位和 32 位数据类型，将以 16 的倍数（如 16、32 和 64）移动位。如果 Length 不是 16 的偶倍数，则移动的位的数量将发送到下一个 16 位边界 • Length 基于数据类型的大小。如果 Length 超出范围，将会导致发生错误"源偏移超出数组大小" Length 值： ○ BOOL：1 ○ 16 位字：1~16 ○ 32 位字：1~32 ○ 64 位字：1~64
Done	输出	BOOL	当为 TRUE 时，操作成功完成 当为 FALSE 时，操作遇到错误条件
Unload	输出	BOOL	位从 Src 地址移出
Error	输出	BOOL	当发生故障时，Error 设置为 True
ErrorID	输出	USINT	当发生故障时，ErrorID 包含错误代码

表 5-41　BSL 错误代码

错误代码	错误描述
01	不支持维度
02	不支持数据类型
03	位长度超出 2048
04	源偏移超出数组大小
05	位长度超出数组大小
07	参数无效

6. BSR（向右移动位）

将数组元素中的位向右移动。其功能块如图 5-66 所示，参数见表 5-42。

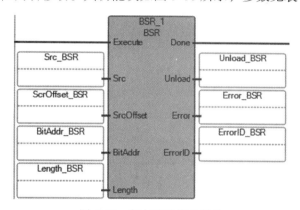

图 5-66　向右移动位功能块

表 5-42　向右移动位参数

参数	参数类型	数据类型	描述
Execute	输入	BOOL	启用指令 TRUE - 检测到上升沿，将位向右移动一个位置 FALSE - 未检测到上升沿，不启用 BSR 操作
Scr	输入	ANY_ELEMENTARY	要移动的 Src（位）的地址。支持的数据类型：BOOL、DWORD、INT、UINT、WORD、DINT 和 UDINT • 数组：将 Scr 设置为基于变量的地址，如：Source1、Source1[0] 或 Source1[1] • 非数组：将 Scr 设置为变量地址，如 Source1
SrcOffset	输入	UINT	如果 SrcOffset 为 0，则从第一个元素开始 • 数组：将 SrcOffset 设置为 0。如果设置为 Source1[0] 或 Source1[1]，将出现错误："源偏移超出数组大小" • 非数组：将 SrcOffset 设置为 0，否则将发生错误："源偏移超出数组大小"
BitAddr	输入	BOOL	移动到 Src 中的位的位置

（续）

参数	参数类型	数据类型	描述
Length	输入	UINT	Length 包含 Src 中要移动的位的数量。支持在数组元素之间移动 • 对于 BOOL 数据类型，为数组中要移动的布尔值的数量 • 对于 16 位和 32 位数据类型，将以 16 的倍数（如 16、32 和 64）移动位。如果 Length 不是 16 的偶倍数，则移动的位的数量将发送到下一个 16 位边界 • Length 基于数据类型的大小。如果 Length 超出范围，将会导致发生错误"源偏移超出数组大小"Length 值： 　○ LBOOL：1 　○ 16 位字：1~16 　○ 32 位字：1~32 　○ 64 位字：1~64
Done	输出	BOOL	当为 TRUE 时，操作成功完成 当为 FALSE 时，操作遇到错误条件
Unload	输出	BOOL	位从 Src 地址移出
Error	输出	BOOL	当发生故障时，Error 设置为 True
ErrorID	输出	USINT	当发生故障时，ErrorID 包含错误代码

BSR 错误代码见表 5-41。

7. XOR_MASK（异或掩码）

整数异或位到位掩码，返回反转的位值。其功能块如图 5-67 所示，参数见表 5-43。

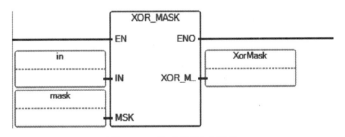

图 5-67　异或掩码功能块

表 5-43　异或掩码参数

参数	参数类型	数据类型	描述
EN	输入	BOOL	启用指令 TRUE - 执行异或位到位掩码计算 FALSE - 不执行任何计算 适用于梯形图编程
IN	输入	DINT	必须具有整型格式
MSK	输入	DINT	必须具有整型格式
XOR_MASK	输出	DINT	IN 与 MSK 之间的位到位逻辑异或
ENO	输出	BOOL	启用"输出" 适用于梯形图编程

8. AND_MASK（AND 掩码）

在两个整型值之间执行位到位 AND 运算。其功能块如图 5-68 所示，参数见表 5-44。

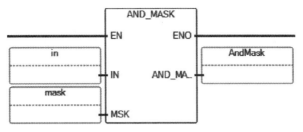

图 5-68　AND 掩码功能块

表 5-44　AND 掩码参数

参数	参数类型	数据类型	描述
EN	输入	BOOL	启用指令 TRUE - 执行整型与位到位掩码计算 FALSE - 不执行任何计算 适用于梯形图编程
IN	输入	DINT	必须具有整型格式
MSK	输入	DINT	必须具有整型格式
AND_MASK	输出	DINT	IN 与 MSK 之间的位到位逻辑与
ENO	输出	BOOL	启用"输出" 适用于梯形图编程

9. NOT_MASK（位到位 NOT 掩码）

整型位到位取反掩码，将反转参数值。其功能块如图 5-69 所示，参数见表 5-45。

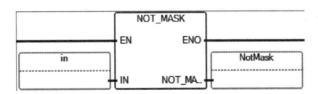

图 5-69　位到位 NOT 掩码功能块

表 5-45　位到位 NOT 掩码参数

参数	参数类型	数据类型	描述
EN	输入	BOOL	启用指令 TRUE - 执行位到位非运算掩码计算 FALSE - 不执行任何计算 适用于梯形图编程
IN	输入	DINT	必须具有整型格式
NOT_MASK	输出	DINT	32 位 IN 上的位到位非运算
ENO	输出	BOOL	启用"输出" 适用于梯形图编程

10. OR_MASK（位到位 OR 掩码）

整型 OR 位到位掩码，将启用位。其功能块如图 5-70 所示，参数见表 5-46。

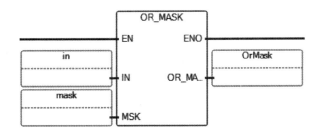

图 5-70　位到位 OR 掩码

表 5-46　位到位 OR 掩码参数

参数	参数类型	数据类型	描述
EN	输入	BOOL	启用指令 TRUE - 执行整型或位到位掩码计算 FALSE - 不执行任何计算 适用于梯形图编程
IN	输入	DINT	必须具有整型格式
MSK	输入	DINT	必须具有整型格式
OR_MASK	输出	DINT	IN 与 MSK 之间的位到位逻辑或
ENO	输出	BOOL	启用"输出" 适用于梯形图编程

5.3.4　字符串操作指令

1. ASCII（字符）

以字符串形式返回字符的 ASCII 代码。其功能块如图 5-71 所示，参数见表 5-47。

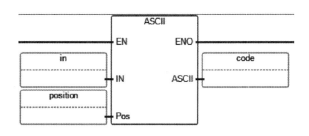

图 5-71　字符功能块

表 5-47　字符参数

参数	参数类型	数据类型	描述
EN	输入	BOOL	启用指令 TRUE - 显示字符的 ASCII 代码 FALSE - 不执行显示操作 适用于梯形图编程
IN	输入	STRING	任何非空字符串
Pos	输入	DINT	选定字符的位置（位于集合 [1~len] 内，其中 len 是 IN 字符串的长度）
ASCII	输出	DINT	当 Pos 超出字符串范围时，选定字符的 ASCII 代码（位于集合 [0~255] 内）生成 0
ENO	输出	BOOL	启用"输出" 适用于梯形图编程

2. CHAR（字符串字符的 ASCII 代码）

返回 ASCII 代码的一个字符字符串。ASCII 代码转换为字符。其功能块如图 5-72 所示，参数见表 5-48。

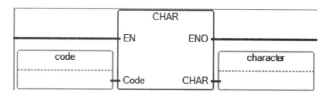

图 5-72　字符串字符的 ASCII 代码功能块

表 5-48　字符串字符的 ASCII 代码参数

参数	参数类型	数据类型	描述
EN	输入	BOOL	启用指令 TRUE - 提供由单个字符组成的字符串 FALSE - 不执行任何操作 适用于梯形图编程
Code	输入	DINT	ASCII 代码，位于集合 [0~255]
CHAR	输出	STRING	由一个字符组成的字符串 该字符具有输入代码中给定的 ASCII 代码
ENO	输出	BOOL	启用"输出" 适用于梯形图编程

3. LEFT（提取字符串的左侧）

从字符串左侧提取字符。其功能块如图 5-73 所示，参数见表 5-49。

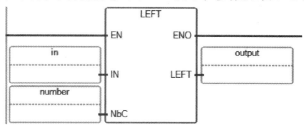

图 5-73　提取字符串的左侧功能块

表 5-49 提取字符串的左侧参数

参数	参数类型	数据类型	描述
EN	输入	BOOL	启用指令 TRUE - 从字符串左侧计算字符数 FALSE - 不执行任何操作 适用于梯形图编程
IN	输入	STRING	任何非空字符串
NbC	输入	DINT	要提取的字符数。此数字不能大于 IN 字符串的长度
LEFT	输出	STRING	IN 字符串的左侧部分（其长度 =NbC）。可以为下列值： • 空字符串（如果 NbC ≤ 0） • 完整 IN 字符串（如果 NbC ≥ IN 字符串长度）
ENO	输出	BOOL	启用"输出" 适用于梯形图编程

4. RIGHT（提取字符串的右侧）

从字符串右侧提取字符。其功能块如图 5-74 所示，参数见表 5-50。

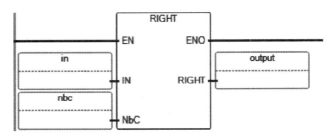

图 5-74 提取字符串的右侧功能块

表 5-50 提取字符串的右侧参数

参数	参数类型	数据类型	描述
EN	输入	BOOL	启用指令 TRUE - 从字符串右侧提取指定数量的字符 FALSE - 不执行任何操作 适用于梯形图编程
IN	输入	STRING	任何非空字符串
NbC	输入	DINT	要提取的字符数。此数字不能大于 IN 字符串的长度
RIGHT	输出	STRING	字符串的右侧部分（长度 =NbC）。可以为下列值： • 空字符串（如果 NbC ≤ 0） • 完整字符串（如果 NbC ≥ 字符串长度）
ENO	输出	BOOL	启用"输出" 适用于梯形图编程

5. MID（提取字符串的中间）

从字符串中间提取字符。使用提供的字符位置和数量计算所需的字符串部分。其功能块如图 5-75 所示，参数见表 5-51。

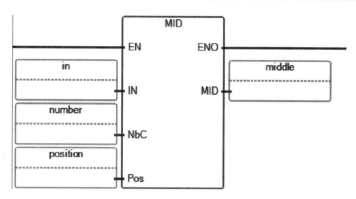

图 5-75　提取字符串之间的功能块

表 5-51　提取字符串之间的参数

参数	参数类型	数据类型	描述
EN	输入	BOOL	启用指令 TRUE - 生成字符串的一部分 FALSE - 不执行任何生成操作 适用于梯形图编程
IN	输入	STRING	任何非空字符串
NbC	输入	DINT	提取的字符数不能大于 IN 字符串的长度
Pos	输入	DINT	子字符串的位置。子字符串的第一个字符将是 Pos 指向的字符（第一个有效位置为 1）
MID	输出	STRING	字符串的中间部分（其长度 =NbC） 当提取的字符数超出 IN 字符串长度时，将自动重新计算 NbC 以仅获取字符串的其余部分。当 NbC 或 Pos 为零或负数时，返回空字符串

6. DELETE（删除子字符串）

从字符串中删除字符。其功能块如图 5-76 所示，参数见表 5-52。

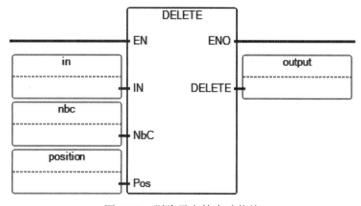

图 5-76　删除子字符串功能块

表 5-52　删除子字符串的参数

参数	参数类型	数据类型	描述
EN	输入	BOOL	启用指令 TRUE - 删除字符串的指定部分 FALSE - 不执行任何操作 适用于梯形图编程
IN	输入	STRING	任何非空字符串
NbC	输入	DINT	要删除的字符数
Pos	输入	DINT	第一个删除的字符的位置（字符串的第一个字符的位置为 1）
DELETE	输出	STRING	输出为 • 已修改的字符串 • 空字符串（如果 Pos < 1） • 初始字符串（如果 Pos > IN 字符串长度） • 初始字符串（如果 NbC ≤ 0）
ENO	输出	BOOL	启用"输出" 适用于梯形图编程

7. INSERT（插入字符串）

在字符串中用户指定的位置插入子字符串。其功能块如图 5-77 所示，参数见表 5-53。

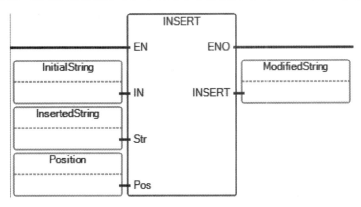

图 5-77　插入字符串功能块

表 5-53　插入字符串参数

参数	参数类型	数据类型	描述
EN	输入	BOOL	启用指令 TRUE - 在字符串中插入子字符串 FALSE - 不执行任何操作 适用于梯形图编程
IN	输入	STRING	初始字符串
Str	输入	STRING	要插入的字符串
Pos	输入	DINT	插入的位置在该位置前完成插入（第一个有效位置为 1）
INSERT	输出	STRING	已修改的字符串。可以为下列值： • 空字符串（如果 Pos ≤ 0） • 两个字符串的连接（如果 Pos 大于 IN 字符串的长度）
ENO	输出	BOOL	启用"输出" 适用于梯形图编程

8. FIND（查找子字符串）

在字符串中定位并提供子字符串的位置。其功能块如图 5-78 所示，参数见表 5-54。

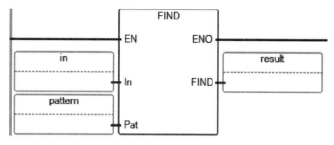

图 5-78　查找子字符串功能块

表 5-54　查找子字符串参数

参数	参数类型	数据类型	描述
EN	输入	BOOL	启用指令 TRUE - 查找在字符串中的位置 FALSE - 不执行查找操作 适用于梯形图编程
In	输入	STRING	任何非空字符串
Pat	输入	STRING	任何非空字符串（模式）
FIND	输出	DINT	输出为 　•0（如果找不到子字符串 Pat） 　• 子字符串 Pat 第一次出现的第一个字符的位置（第一个位置为 1） 此指令区分大小写
ENO	输出	BOOL	启用"输出" 适用于梯形图编程

9. REPLACE（替换子字符串）

将字符串的一部分替换为新的字符集。其功能块如图 5-79 所示，参数见表 5-55。

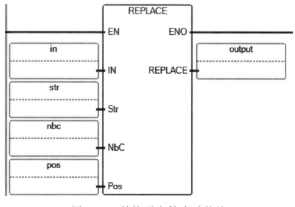

图 5-79　替换子字符串功能块

表 5-55　替换子字符串参数

参数	参数类型	数据类型	描述
EN	输入	BOOL	函数启用 TRUE - 将字符串的一部分替换为新字符 FALSE - 不执行任何操作 适用于梯形图编程
IN	输入	STRING	任何字符串
Str	输入	STRING	要插入的字符串（用于替换 NbC 字符）
NbC	输入	DINT	要删除的字符数
Pos	输入	DINT	第一个已修改字符的位置（第一个有效位置为 1）
REPLACE	输出	STRING	已修改的字符串。在位置 Pos 处删除 NbC 字符，然后在此位置插入子字符串 Str。可以为下列值： • 空字符串（如果 Pos ≤ 0） • 字符串连接（IN+Str）（如果 Pos 大于 IN 字符串的长度） • 初始字符串 IN（如果 NbC ≤ 0）
ENO	输出	BOOL	启用"输出" 适用于梯形图编程

10. MLEN（字符串长度）

计算字符串的长度。其功能块如图 5-80 所示，参数见表 5-56。

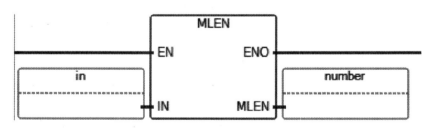

图 5-80　字符串长度功能块

表 5-56　字符串长度参数

参数	参数类型	数据类型	描述
EN	输入	BOOL	启用指令 TRUE - 计算字符串的长度 FALSE - 不执行任何操作 适用于梯形图编程
IN	输入	STRING	任何字符串
MLEN	输出	DINT	IN 字符串中的字符数
ENO	输出	BOOL	启用"输出" 适用于梯形图编程

5.3.5 定时器指令

1. TOF（计时器，关闭延时）

将内部计时器增加至指定值。其功能块如图 5-81 所示，时序图如图 5-82 所示，参数见表 5-57。

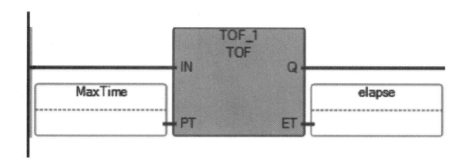

图 5-81 关闭延时功能块

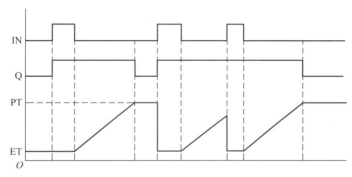

图 5-82 TOF 时序图

表 5-57 TOF 参数

参数	参数类型	数据类型	描述
IN	输入	BOOL	输入控制 TRUE - 检测到下降沿，内部计时器开始递增 FALSE - 检测到上升沿，停止并复位内部计时器
PT	输入	TIME	最大编程时间 请参见 TIME 数据类型
Q	输出	BOOL	TRUE - 总时间未过 FALSE - 总时间已过
ET	输出	TIME	当前已过去的时间。值的可能范围为 0ms~1193h2m47s294ms

2. TON（计时器，打开延时）

将内部计时器增加至指定值。其功能块如图 5-83 所示，时序图如图 5-84 所示，参数见表 5-58。

129

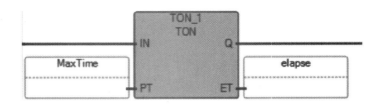

图 5-83　打开延时功能块

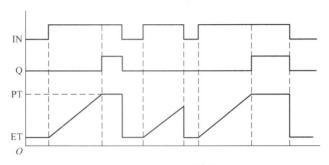

图 5-84　TON 时序图

表 5-58　TON 参数

参数	参数类型	数据类型	描述
IN	输入	BOOL	输入控制 TRUE - 如果是上升沿，内部计时器开始递增 FALSE- 如果是下降沿，停止并复位内部计时器
PT	输入	TIME	使用时间数据类型定义最大编程时间
Q	输出	BOOL	TRUE - 编程时间已过 FALSE - 编程时间未过
ET	输出	TIME	当前已过去的时间。值的可能范围为 0ms~1193h2m47s294ms

3. TONOFF（时间延迟，打开，关闭）

延迟打开 TRUE 梯级上的输出，然后延迟关闭 FALSE 梯级上的输出。其功能块如图 5-85 所示，参数见表 5-59。

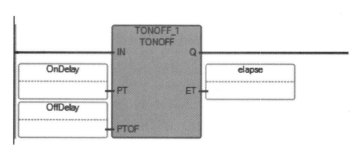

图 5-85　时间延迟，打开，关闭功能块

表 5-59　TONOFF 参数

参数	参数类型	数据类型	描述
IN	输入	BOOL	输入控制 TRUE - 检测到上升沿（IN 从 0 变为 1） 　•启动打开延时计时器（PT） 　•如果编程关断延时（PTOF）未过，重启打开延时（PT）计时器 FALSE - 检测到下降沿（IN 从 1 变为 0） 　•如果编程打开延时时间（PT）未过，停止 PT 计时器并复位 ET 如果编程打开延时时间（PT）已过，启动关闭延时计时器（PTOF）
PT	输入	TIME	使用时间数据类型定义打开延时时间设置
PTOF	输入	TIME	使用时间数据类型定义关闭延时时间设置
Q	输出	BOOL	TRUE - 编程打开延时时间已过，而编程关闭延时时间未过
ET	输出	TIME	当前已过去的时间。值的可能范围为 0ms~1193h2m47s294ms 如果编程的打开延时时间已过，且关闭延时计时器未启动，则已过时间（ET）仍为打开延时（PT）值 如果设定的关断延时时间已过，且关断延时计时器未启动，则上升沿再次发生之前，已过时间（ET）仍为关断延时（PTOF）值

4. TP（脉冲计时）

在上升沿时，将内部计时器增加至指定值。如果计时器的时间已过，将复位内部时间。其功能块如图 5-86 所示，参数见表 5-60，时序图如图 5-87。

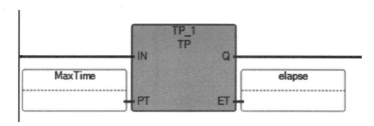

图 5-86　脉冲计时功能块

表 5-60　TP 参数

参数	参数类型	数据类型	描述
IN	输入	BOOL	TRUE - 如果是上升沿，内部计时器开始递增（如果尚未递增） FALSE - 如果计时器的时间已过，将复位内部计时器 计数期间对 IN 的任何更改都不生效
PT	输入	TIME	使用时间数据类型定义最大编程时间
Q	输出	BOOL	TRUE - 计时器正在计时 FALSE - 计时器没有计时
ET	输出	TIME	当前已过去的时间 值的可能范围为 0ms~1193h2m47s294ms

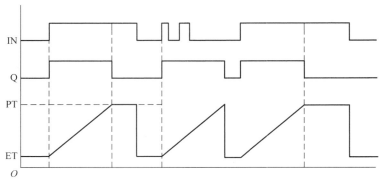

图 5-87　TP 时序图

5. TOW（实时时钟复选周）

如果实时时钟（RTC）的值位于"周时间"设置范围内，则开启输出。其功能块如图 5-88 所示，参数见表 5-61，TOWDATA 数据类型见表 5-62。

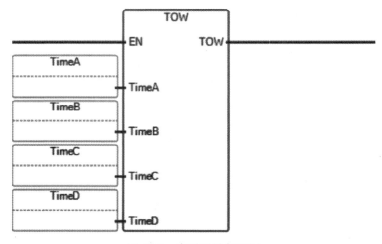

图 5-88　实时时钟复选周

表 5-61　TOW 参数

参数	参数类型	数据类型	描述
EN	输入	BOOL	启用指令 当 EN = TRUE 时，执行该操作 当 EN = FALSE 时，不执行该操作
TimeA	输入	TOWDATA	通道 A 的"日时间"设置 使用 TOWDATA 数据类型定义 TimeA
TimeB	输入	TOWDATA	通道 B 的"日时间"设置 使用 TOWDATA 数据类型定义 TimeB
TimeC	输入	TOWDATA	通道 C 的"日时间"设置 使用 TOWDATA 数据类型定义 TimeC
TimeD	输入	TOWDATA	通道 D 的"日时间"设置 使用 TOWDATA 数据类型定义 TimeD
TOW	输出	BOOL	如果为 TRUE，则实时时钟的值在 4 个通道任意之一的"日时间"设置范围内

表 5-62　TOWDATA 数据类型

参数	数据类型	描述
Enable	BOOL	TRUE: 启用；FALSE: 禁用
DailyWeekly	BOOL	计时器类型（0：日计时器；1：周计时器）
DayOn	USINT	星期开始值（必须位于集合 [0~6] 内）
HourOn	USINT	小时开始值（必须位于集合 [0~23] 内）
MinOn	USINT	分钟开始值（必须位于集合 [0~59] 内）
DayOff	USINT	星期结束值（必须位于集合 [0~6] 内）
HourOff	USINT	小时结束值（必须位于集合 [0~23] 内）
MinOff	USINT	分钟结束值（必须位于集合 [0~59] 内）

6. RTO（保持计时器，打开延时）

当输入处于活动状态时增加内部计时器，但当输入变为不活动状态时不复位内部计时器。其功能块如图 5-89 所示，参数见表 5-63。

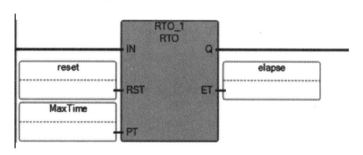

图 5-89　保持计时器功能块

表 5-63　RTO 参数

参数	参数类型	数据类型	描述
IN	输入	BOOL	输入控制 TRUE - 上升沿，开始增加内部计时器 FALSE - 下降沿，停止且不复位内部计时器
RST	输入	BOOL	TRUE - 上升沿，复位内部计时器 FALSE - 不复位内部计时器
PT	输入	TIME	编程的最大打开延时时间。使用时间数据类型定义 PT
Q	输出	BOOL	TRUE - 编程的打开延时时间已过 FALSE - 编程的打开延时时间未过
ET	输出	TIME	当前已过去的时间 值的范围为 0ms ~ 1193h2m47s294ms 使用时间数据类型定义 ET

7. TDF（计时器，关闭延时）

计算 TimeA 和 TimeB 之间的时间差。其功能块如图 5-90 所示，参数见表 5-64。

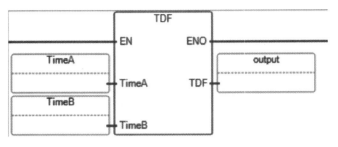

图 5-90　时间差功能块

表 5-64　TDF 参数

参数	参数类型	数据类型	描述
EN	输入	BOOL	输入控制 TRUE- 检测到下降沿，内部计时器开始递增 FALSE- 检测到上升沿，停止并复位内部计时器。启用指令 当 EN=TRUE 时，执行该操作 当 EN=FALSE 时，不执行该操作
TimeA	输入	TIME	时间差计算的开始时间
TimeB	输入	TIME	时间差计算的结束时间
EON	输出	BOOL	启用"输出" 适用于梯形图编程
TDF	输出	TIME	两个时间输入的时间差 TDF 为名称或 PIN ID

8. DOY（检查实时时钟的年份）

如果实时时钟（RTC）的值位于"年时间"设置范围内，则开启输出。其功能块如图 5-91 所示，参数见表 5-65。DOYDATA 数据类型见表 5-66。

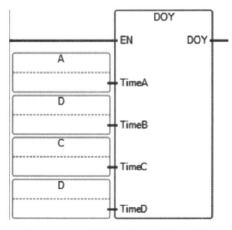

图 5-91　检查实时时钟的年份功能块

表 5-65　DOY 参数

参数	参数类型	数据类型	描述
EN	输入	BOOL	启用指令 当 EN = TRUE 时，执行该操作 当 EN = FALSE 时，不执行该操作
TimeA	输入	DOYDATA	通道 A 的年时间设置 DOYDATA 数据类型用于配置 TimeA
TimeB	输入	DOYDATA	通道 B 的年时间设置 DOYDATA 数据类型用于配置 TimeB
TimeC	输入	DOYDATA	通道 C 的年时间设置 DOYDATA 数据类型用于配置 TimeC
TimeD	输入	DOYDATA	通道 D 的年时间设置 DOYDATA 数据类型用于配置 TimeD
DOY	输出	BOOL	如果为 TRUE，则实时时钟的值在 4 个通道任意之一的"年时间"设置范围内

表 5-66　DOYDATA 数据类型

参数	数据类型	描述
Enable	BOOL	TRUE: 启用；FALSE：禁用
YearlyCenturial	BOOL	计时器类型（0：年计时器；1：世纪计时器）
YearOn	UINT	年开始值（必须位于集合 [2000~2098] 内）
MonthOn	USINT	月开始值（必须位于集合 [1~12] 内）
DayOn	USINT	日期开始值（必须位于"MonthOn"值确定的集合 [1~31] 内）
YearOff	UINT	年结束值（必须位于集合 [2000~2098] 内）
MonthOff	USINT	月结束值（必须位于集合 [1~12] 内）
DayOff	USINT	日期结束值（必须位于"MonthOn"值确定的集合 [1~31] 内）

5.3.6　计数器指令

1. CTD（向下计数）

从给定值到 0 逐个向下计数（整数）。其功能块如图 5-92 所示，参数见表 5-67。

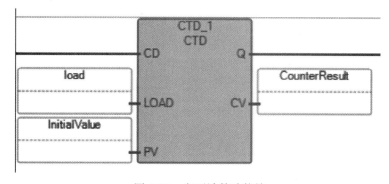

图 5-92　向下计数功能块

表 5-67 CTD 参数

参数	参数类型	数据类型	描述
CD	输入	BOOL	向下计数 TRUE - 检测到上升沿，以 1 为增量向下计数 FALSE - 检测到下降沿，计数器值保持为相同值
LOAD	输入	BOOL	LOAD 用于根据向下计数值验证 PV 值 TRUE - 当向下计数值等于 PV 值时，将 CV 值设置为等于 PV 值 FALSE - 以 1 为增量继续向下计数
PV	输入	DINT	计数器的编程最大值
Q	输出	BOOL	表示向下计数指令是否已生成小于或等于计数器最大值的数 TRUE - CV 小于或等于零（下溢条件） FALSE - 向下计数值大于零
CV	输出	DINT	当前计数器值

2. CTU（向上计数）

CTU 从 0 到给定值逐个向上计数（整数）。其功能块如图 5-93 所示，参数见表 5-68。

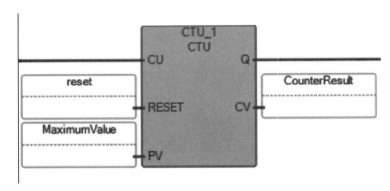

图 5-93 向上计数功能块

表 5-68 CTU 参数

参数	参数类型	数据类型	描述
CU	输入	BOOL	向上计数 TRUE - 检测到上升沿，以 1 为增量向上计数 FALSE - 检测到下降沿，计数器值保持为相同值
RESET	输入	BOOL	RESET 用于根据向上计数值验证 PV 值 TRUE - 当向上计数值等于 PV 值时，将 CV 值设置为零 FALSE - 以 1 为增量继续向上计数
PV	输入	DINT	计数器的编程最大值
Q	输出	BOOL	表示向上计数指令是否已生成大于或等于计数器最大值的数 TRUE - 计数器结果 ≤ PV（上溢条件） FALSE - 计数器结果 > PV
CV	输出	DINT	当前计数器结果

3. CTUD（向上/向下计数）

从 0 到给定值逐个向上计数（整数），或从给定值到 0（逐个）向下计数。其功能块如

图 5-94 所示，参数见表 5-69。

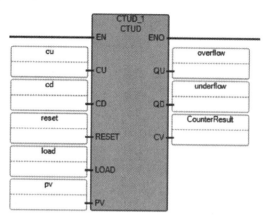

图 5-94　向上 / 向下计数功能块

表 5-69　CTUD 参数

参数	参数类型	数据类型	描述
CU	输入	BOOL	TRUE - 检测到上升沿，向上计数
CD	输入	BOOL	TRUE - 检测到上升沿，向下计数
RESET	输入	BOOL	重置基准命令 （当 RESET 为 TRUE 时 CV = 0）
LOAD	输入	BOOL	Load 命令 TRUE - 当 CV=PV 时
PV	输入	DINT	编程最大值
QU	输出	BOOL	溢出 TRUE - 当 CV ≥ PV 时
QD	输出	BOOL	下溢 TRUE - 当 CV ≤ 0 时
CV	输出	DINT	计数器结果

5.3.7　比较指令

比较功能块指令主要用于数据之间的大小比较，是编程中的一种简单有效的指令。其功能块用途见表 5-70。

表 5-70　比较指令功能块

功能块	用途
=（等于）	执行将第一个输入与第二个输入进行比较，以确定整型、实型、时间、日期和字符串数据类型是否相等的运算
>（大于）	比较整型、实型、时间、日期和字符串输入值，以确定第一个输入是否大于第二个输入
≥（大于或等于）	比较整型、实型、时间、日期和字符串输入值，以确定第一个输入是否大于或等于第二个输入
<（小于）	比较整型、实型、时间、日期和字符串输入值，以确定第一个输入是否小于第二个输入
≤（小于或等于）	比较整型、实型、时间、日期和字符串输入值，以确定第一个输入是否小于或等于第二个输入
≠（不等于）	比较整型、实型、时间、日期和字符串输入值，以确定第一个输入是否不等于第二个输入

下面举例说明该类功能块的具体应用：

大于功能块，其功能块如图 5-95 所示。

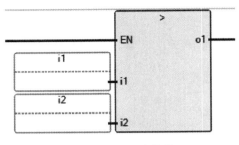

图 5-95　大于功能块

对于整型、实数、时间型、日期型和字符串型输入变量，比较第一个输入和第二个输入，并判断第一个输入是否大于第二个输入。其参数描述见表 5-71。

表 5-71　参数

参数	参数类型	数据类型	描述
EN	输入	BOOL	启用指令 TRUE - 执行输入比较 FALSE - 不执行任何比较 仅适用于梯形图编程
i1	输入	SINT、USINT、BYTE、INT、UINT、WORD、DINT、UDINT、DWORD、LINT、ULINT、LWORD、REAL、LREAL、TIME、DATE、STRING	所有输入的数据类型必须相同
i2	输入	SINT、USINT、BYTE、INT、UINT、WORD、DINT、UDINT、DWORD、LINT、ULINT、LWORD、REAL、LREAL、TIME、DATE、STRING	
o1	输出	BOOL	TRUE（如果 i1 > i2）

不建议对 TON、TP 和 TOF 函数进行时间值相等测试。

不建议对实型数据类型进行相等值比较，因为数学运算中数字的舍入方法与变量输出画面中出现的数字不同。结果可能会造成两个输出值在显示器中显示相等，等于评估结果仍为错误。例如，在变量输入画面中，23.500001 与 23.499999 都将显示位 23.5，但在控制器中则不相等。

5.3.8　数据转换指令

数据转换功能块指令主要用于将源数据类型转换为目标数据类型，在整型、时间类型、字符串类型的数据转换时有限制条件，使用时须注意。该类功能块具体描述见表 5-72。

表 5-72　数据转换指令功能块

功能块	用途
ANY_TO_BOOL（布尔转换）	转换为布尔变量

（续）

功能块	用途
ANY_TO_BYTE（字节转换）	转换为字节变量
ANY_TO_DATE（日期转换）	转换为日期变量
ANY_TO_DINT（双整型转换）	转换为双整型变量
ANY_TO_DWORD（双字转换）	转换为双字变量
ANY_TO_INT（整型转换）	转换为整形变量
ANY_TO_LINT（长整型转换）	转换为长整形变量
ANY_TO_LREAL（长实型转换）	转换为长实型变量
ANY_TO_LWORD（长字转换）	转换为长字变量
ANY_TO_REAL（实型转换）	转换为实型变量
ANY_TO_SINT（短整型转换）	转换为短整型变量
ANY_TO_STRING（字符串转换）	转换为字符串变量
ANY_TO_TIME（时间转换）	转换为时间变量
ANY_TO_UDINT（无符号双整型转换）	转换为无符号双整形变量
ANY_TO_UINT（无符号整型转换）	转换为无符号整形变量
ANY_TO_ULINT（无符号长整型转换）	转换为无符号长整形变量
ANY_TO_USINT（无符号短整型转换）	转换为无符号短整型变量
ANY_TO_WORD（字转换）	转换为字变量

下面举例说明该类功能块的具体应用：

字节转换（ANY_TO_BYTE）功能块，其功能块如图 5-96 所示。

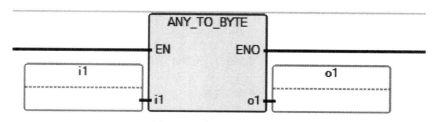

图 5-96　字节转换功能块

字节转换指令用于将变量的数据类型转换为字节类型，参数见表 5-73。

表 5-73 参数

参数	参数类型	数据类型	描述
EN	输入	BOOL	启用指令 TRUE - 执行转换为字节计算 FALSE - 不执行任何计算 适用于梯形图编程
i1	输入	BOOL、SINT、USINT、INT、UINT、WORD、 DINT、UDINT、DWORD、LINT、ULINT、LWORD、 REAL、LREAL、TIME、DATE、STRING	任何非字节值
o1	输出	BYTE	8 位字节值
ENO	输出	BOOL	启用输出 仅适用于梯形图编程

5.3.9 数据操作指令

1. MIN（最小值）

计算两个整型值的最小值。其功能块如图 5-97 所示，参数见表 5-74。

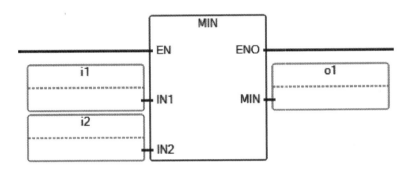

图 5-97 最小值功能块

表 5-74 MIN 参数

参数	参数类型	数据类型	描述
EN	输入	BOOL	启用指令 TRUE - 执行最小整数值计算 FALSE - 不执行任何计算 适用于梯形图编程
IN1	输入	DINT	任何有符号整型值
IN2	输入	DINT	不能为实型
MIN	输出	DINT	两个输入值的最小值
ENO	输出	BOOL	启用"输出" 适用于梯形图编程

2. MAX（最大值）

计算两个整型值的最大值。其功能块如图 5-98 所示，参数见表 5-75。

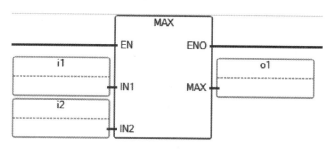

图 5-98　最大值功能块

表 5-75　MAX 参数

参数	参数类型	数据类型	描述
EN	输入	BOOL	启用指令 TRUE - 执行最大整数值计算 FALSE - 不执行任何计算 适用于梯形图编程
IN1	输入	DINT	任何有符号整型值
IN2	输入	DINT	不能为实型
MAX	输出	DINT	两个输入值的最大值
ENO	输出	BOOL	启用"输出" 适用于梯形图编程

3. AVERAGE

计算若干定义的示例上的运行平均值，并在每次循环时存储值。其功能块如图 5-99 所示，参数见表 5-76。

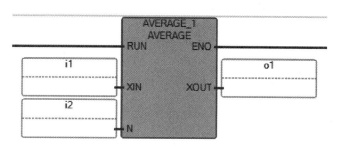

图 5-99　AVERAGE 功能块

表 5-76　AVERAGE 参数

参数	参数类型	数据类型	描述
RUN	输入	BOOL	TRUE = 运行 FALSE = 复位
XIN	输入	REAL	任何实型变量
N	输入	DINT	应用程序定义的示例数量
XOUT	输出	REAL	XIN 值的运行平均值
ENO	输出	BOOL	启用"输出" 适用于梯形图编程

5.3.10　报警指令

LIM_ALRM（限制警报）

LIM_ALRM 是关于上限和下限实型值滞后的警报。滞后应用于上限和下限。用于上限或下限的滞后增量是 EPS 参数的一半。

过程警报是当控制器收到并处理故障时产生的警报。当模块超过每个通道配置的上限或下限时，过程级别警报将发出提醒。其功能块如图 5-100 所示，参数见表 5-77。

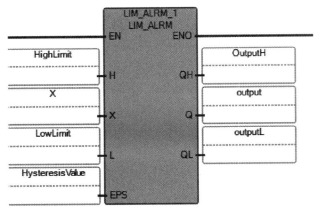

图 5-100　限制警报功能块

表 5-77　警报指令参数

参数	参数类型	数据类型	描述
EN	输入	BOOL	TRUE = 运行 FALSE = 复位
H	输入	REAL	上限值
X	输入	REAL	输入为任何实型值
L	输入	REAL	下限值
EPS	输入	REAL	滞后值（必须大于 0）
QH	输出	BOOL	上限警报：如果 X 超过上限 H 则为 TRUE
Q	输出	BOOL	警报输出：如果 X 超出限制范围则为 TRUE
QL	输出	BOOL	下限警报：如果 X 低于下限 L 则为 TRUE
ENO	输出	BOOL	启用"输出" 适用于梯形图编程

5.4　特殊指令块

5.4.1　中断指令

1. STIS 可选定时启动

通过使用 STIS（Selectable Timed Interrupt Start，可选定时中断启动）指令，可从控制程序中启动 STI 定时器，而不是自动启动。该指令功能块如图 5-101 所示，指令参数见表 5-78。

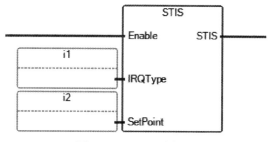

图 5-101　STIS 功能块

STIS 指令可用于启动和停止 STI 功能，或更改 STI 用户中断之间的时间间隔。STI 指令有两个操作数：

1）IRQType。这是用户想要驱动的 STI ID 号。

2）SetPoint。这是在执行可选定时用户中断之前必须超过的时间量（以毫秒计）。值为零时会禁用 STI 功能。时间范围是 0~65535ms。

STIS 指令会将指定的设定值应用到 STI 功能，如下所示（STIO 在此用作示例）：

1）如果指定了零设定值，则 STI 会被禁用，且 STIO.Enable（0）也将被清除。

2）如果禁用了 STI 并将一个大于 0 的值输入到设定值，则 STI 开始对新设定值定时并设置 STIO.Enable（1）。

3）如果 STI 当前正在定时且设定值被更改，则新设置会立即生效，并从零开始重新启动。STI 将继续定时直至其达到新设定值。

表 5-78　STIS 参数

参数	参数类型	数据类型	描述
Enable	输入	BOOL	启用指令 TRUE - 从控制程序启动 STI 计时器 FALSE - 不执行功能
IRQType	输入	UDINT	使用 STI 定义字 IRQ_STI0、IRQ_STI1、IRQ_STI2、IRQ_STI3
SetPoint	输入	UINT	执行可选计时中断之前必须经过的时间长度（单位为毫秒） 值为 0 则禁用 STIS 函数 值介于 1~65535 之间则启用 STIS 函数
STIS	输出	BOOL	Rung 状态（与 Enable 相同）

2. UID 禁止用户中断

UID 指令用于禁止选定的用户中断，该指令功能块如图 5-102 所示，表 5-79 显示了中断的类型及其相应的禁止位。

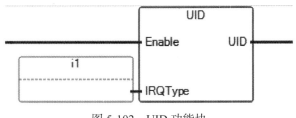

图 5-102　UID 功能块

要执行禁止中断的过程如下：

1）选择要禁止的中断。

2）查找所选中断的十进制值。

3）如果选择了多个类型的中断，请添加十进制值。

4）将总和输入到 UID 指令中。

UID 指令所禁止中断的类型见表 5-79。

例如，要禁止 EII 事件 1 和 EII 事件 3：

EII 事件 1 相应位是 4，EII 事件 3 相应位是 16，两个事件对应的十进制和是 20，则输入该值。

3. UIE 允许用户中断

UIE 指令用于允许选定的用户中断，该指令功能块如图 5-103 所示，中断的类型及其相应的启用位见表 5-79。

要执行启用中断的过程如下：

1）选择要启用的中断。

2）查找所选中断的十进制值。

3）如果选择了多个类型的中断，请添加十进制值。

4）将总和输入到 UIE 指令中。

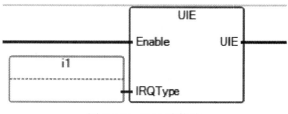

图 5-103　UIE 功能块

例如，要允许 EII 事件 1 和 EII 事件 3：

EII 事件 1 相应位是 4，EII 事件 3 相应位是 16，两个事件对应的十进制和是 20，则输入该值。

表 5-79 用户中断指令参数表

中断类型	元素	十进制值	相应位
功能性插件模块	UPM4	8388608	位 23
功能性插件模块	UPM3	4194304	位 22
功能性插件模块	UPM2	2097152	位 21
功能性插件模块	UPM1	1048576	位 20
功能性插件模块	UPM0	524288	位 19
STI- 可选定时中断	STI3	262144	位 18
STI- 可选定时中断	STI2	131072	位 17
STI- 可选定时中断	STI1	65536	位 16
STI- 可选定时中断	STI0	32768	位 15
EII- 事件输入中断	事件 7	16384	位 14
EII- 事件输入中断	事件 6	8192	位 13
EII- 事件输入中断	事件 5	4096	位 12
EII- 事件输入中断	事件 4	2048	位 11
HSC- 高速计数器	HSC5	1024	位 10
HSC- 高速计数器	HSC4	512	位 9
HSC- 高速计数器	HSC3	156	位 8
HSC- 高速计数器	HSC2	128	位 7
HSC- 高速计数器	HSC1	64	位 6
HSC- 高速计数器	HSC0	32	位 5
EII- 事件输入中断	事件 3	16	位 4
EII- 事件输入中断	事件 2	8	位 3
EII- 事件输入中断	事件 1	4	位 2
EII- 事件输入中断	事件 0	2	位 1
UFR- 用户故障例程中断	UFR	1	位 0（保留）

4. UIF 刷新用户中断

UIF 指令用于刷新（从系统中移除未决中断）选定的用户中断，该指令功能块如图 5-104 所示，中断的类型及其相应的刷新位见表 5-79，表 5-80 为该指令禁止的中断类型。

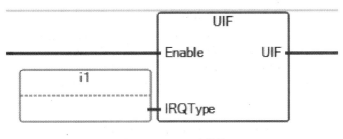

图 5-104 UIF 功能块

执行刷新中断的过程为

1）选择要刷新的中断。

2）查找所选中断的十进制值。

3）如果选择了多个类型的中断，请添加十进制值。

4）将总和输入到 UIF 指令中。

表 5-80　UIF 指令禁止中断类型

中断类型	元素	十进制值	相应位
EII- 事件输入中断	事件 2	8	位 3
EII- 事件输入中断	事件 1	4	位 2
EII- 事件输入中断	事件 0	2	位 1
UFR- 用户故障例程中断	UFR	1	位 0（保留）

5. UIC 清除用户中断

此功能块可清除所选用户中断的中断丢失位，该指令功能块如图 5-105 所示，其参数见表 5-81。

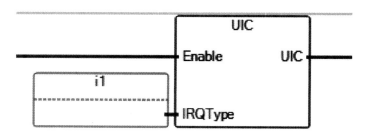

图 5-105　UIC 功能块

表 5-81　UIC 参数

参数	参数类型	数据类型	描述
Enable	输入	BOOL	启用指令 TRUE - 开始清除位操作 FALSE - 不执行功能
IRQType	输入	UDINT	使用 STI 定义的字。IRQ_EII0、IRQ_EII1、IRQ_EII2、IRQ_EII3、IRQ_EII4、IRQ_EII5、IRQ_EII6、IRQ_EII7、IRQ_HSC0、IRQ_HSC1、IRQ_HSC2、IRQ_HSC3、IRQ_HSC4、IRQ_HSC5、IRQ_STI0、IRQ_STI1、IRQ_STI2、IRQ_STI3、IRQ_UFR、IRQ_UPM0、IRQ_UPM1、IRQ_UPM2、IRQ_UPM3、IRQ_UPM4
UIC	输出	BOOL	Rung 状态（与 Enable 相同）

5.4.2　高速计数器（HSC）功能块指令

所有的 Micro830 和 Micro850 控制器都支持高速计数器（High-Speed Counter，HSC）功能，最多支持 6 个 HSC。高速计数器功能块包含两部分：一部分是位于控制器上的本地 I/O 端子；另一部分是 HSC 功能块指令，将在下文进行介绍。

1. HSC 功能块

该功能块用于启/停高速计数，刷新高速计数器的状态，重置高速计数器的设置，以及重置高速计数器的累加值。其功能块图如图 5-106 所示。

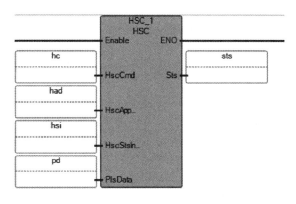

图 5-106　高速计数器功能块

注意：在 CCW 中高速计数器被分为两个部分，高速计数部分和用户接口部分。这两部分是结合使用的。本小节主要介绍了高速计数部分。用户接口部分由一个中断机制驱动（例如中断允许（UIE）、激活（UIF）、屏蔽（UID）或是自动允许中断（AutoStart）），用于在高速计数器到达设定条件时驱动执行指定的用户中断程序，本小节将简要介绍。该功能块的参数见表 5-82。

表 5-82　高速计数器功能块参数列表

参数	参数类型	数据类型	描述
HscCmd	输入	USINT	向 HSC 发布命令
HSCAppData	输入	HSCAPP	HSC 应用程序配置（通常仅需一次）
HSCStsInfo	输入	HSCSTS	HSC 动态状态，在 HSC 计数期间不断更新
PlsData	输入	DINT、UDINT	可编程限位开关（PLS）数据结构
Sts	输出	UINT	HSC 执行状态 HSC 状态代码： 0x00 - 未采取行动（未启用） 0x01 - HSC 执行成功 0x02 - HSC 命令无效 0x03 - HSC ID 超出范围 0x04 - HSC 配置错误

HSC 命令参数（HscCmd），见表 5-83。

表 5-83　HSC 命令参数

HSC 命令	命令描述
0x01	HSC 运行 启动 HSC（如果 HSC 处于闲置模式，且已启用 rung） 仅更新 HSC 状态信息（如果 HSC 处于运行模式，且已启用 rung）
0x02	HSC 停止：停止 HSC 计数（如果 HSC 处于运行模式，且已启用 rung）
0x03	HSC 加载/设置：重新加载 6 个输入元素的 HSC 应用程序数据（如果已启用 rung）：HPSetting、LPSetting、HPOutput、LPOutput、OFSetting 和 UFSetting 注意：此命令不会重新加载以下输入元素：HSC 累加器
0x04	HSC 累加器重置（如果已启用 rung）

注："0x" 前缀表示十六进制。

HSCAPP 数据类型（HSCAppDate）的结构见表 5-84。

表 5-84　HSCAPP 数据类型

参数	数据类型	数据格式	描述
PLSEnable	BOOL	位	启用或禁用高速计数器可编程限位开关（PLS）
HSCID	UINT	字	定义 HSC
HSCMode	UINT	字	定义 HSC 模式
Accumulator	DINT	长字	累加器初始值 当高速计数器启动时，HSCApp.Accumulator 设置累加器初始值。当 HSC 处于计数模式时，HSC 子系统会自动更新累加器以反映 HSC 累加器实际值
HPSetting	DINT	长字	高预设设置 HSCApp.HPSetting 参数设置用于定义 HSC 子系统何时生成中断的上设定点（以计数为单位） 载入高预设的数据必须少于或等于驻留在上溢（HSCAPP.OFSetting）参数中的数据，否则将生成 HSC 错误
LPSetting	DINT	长字	低预设设置 HSCApp.LPSetting 设置用于定义 HSC 子系统何时生成中断的下设定点（以计数为单位） 载入低预设的数据必须大于或等于驻留在下溢（HSCAPP.UFSetting）参数中的数据，否则将生成 HSC 错误 如果下溢和低预设值为负数，则低预设值必须是绝对值小于下溢值的数字
OFSetting	DINT	长字	溢出设置 HSCApp.OFSetting 上溢设置用于定义计数器的计数上限 如果计数器的累加值增加至高于 UFSetting 中指定的值，则将生成上溢中断 生成上溢中断时，HSC 子系统会将累加值重置为下溢值，计数器将从下溢值开始计数（在此过渡期间不会丢失计数） OFSetting 值必须是 介于 −2147483648~2147483647 之间 大于下溢值 大于或等于驻留在高预设（HSCAPP.HPSetting）中的数据，否则将生成 HSC 错误

（续）

参数	数据类型	数据格式	描述
UFSetting	DINT	长字	下溢设置 HSCApp.UFSetting 下溢设置用于定义计数器的计数下限 如果计数器的累加值减少至低于 UFSetting 中指定的值，则将生成下溢中断 生成下溢中断时，HSC 子系统会将累加值重置为上溢值，计数器将从上溢值开始计数（在此过渡期间不会丢失计数） UFSetting 值必须是 介于 -2147483648~2147483647 之间 小于上溢值 小于或等于驻留在低预设（HSCAPP.LPSetting）中的数据，否则将生成 HSC 错误
OutputMask	UDINT	字	输出掩码 HSCApp.OutputMask 用于定义控制器上高速计数器可以直接控制的嵌入式输出。无需与控制程序交互，HSC 子系统就可以根据 HSC 累加器的高或低预设开启（ON）或关闭（OFF）输出 HSCApp.OutputMask 中存储的位模式定义 HSC 控制哪些输出以及 HSC 不控制哪些输出 HSCAPP.OutputMask 位模式与控制器中的输出位相对应，并且仅能在初始设置期间配置 设置为（1）的位已启用，并可以由 HSC 子系统来开启或关闭 设置为（0）的位不能由 HSC 子系统开启或关闭 例如，要使用 HSC 来控制输出 0、1、3，请按如下方式赋值： HscAppData.OutputMask = 2#1011，或 HscAppData.OutputMask = 11
HPOutput	UDINT	长字	达到高预设 32 位输出设置 HSCApp.HPOutput 用于定义达到高预设时控制器上输出的状态（1 = ON 或 0 = OFF）。有关如何根据高预设直接开启或关闭输出的更多信息 在初始设置期间配置高输出位模式，或在控制器操作期间使用 HSC 功能块加载新参数
LPOutput	UDINT	长字	达到低预设 32 位输出设置 HSCApp.LPOutput 用于定义达到低预设时控制器上输出的状态（1 =ON，0 =OFF）。有关如何根据低预设直接开启或关闭输出的更多信息 在初始设置期间配置低输出位模式，或在控制器操作期间使用 HSC 功能块加载新参数

注：OutputMask 指令的作用是屏蔽 HSC 输出的数据中的某几位，以获取期望的数据输出位。例如，对于 24 点的 Micro830, 有 9 点本地（控制器自带）输出点用于输出数据。当不需输出第零位的数据时，可以把 OutputMask 中的第零位置 0 即可。这样即使输出数据上的第零位为 1，也不会输出。

HscID、HSCMode、HPSetting、LPSetting、OFSetting、UFStting 等 6 个参数必须设置，否则将提示 HSC 配置信息错误。上溢值最大为 +2147483647，下溢值最小为 -247483647，预设值大小须对应，即高预设值不能比上溢值大，低预设值不能比下溢值小。当 HSC 计数值达到上溢值时，会将计数值置为下溢值继续计数；达到下溢值时类似。

HSC 应用数据是 HSC 组态数据，它需要在启动 HSC 前组态完毕。在 HSC 计数期间，该数据不能改变，除非需要重设置 HSC 组态信息（在 HsCmd 中写 03 命令）。但是，在 HSC 计数期间的 HSC 应用数据改变请求将被忽略。

HSC ID 定义见表 5-85。

表 5-85　HSC ID 定义

输出选择	位	描述
HS 功能数据的第一个字	15~13	HSC 的模块类型： 0x00 - 嵌入式 0x01 - 扩展 0x02 - 插件端口
	12~8	模块的插槽 ID： 0x00 - 嵌入式 0x01~0x1F - 扩展模块的 ID 0x01~0x05 - 插件端口的 ID
	7~0	模块中的 HSC ID： 0x00~0x0F - 嵌入式 0x00~0x07 - HSC 的扩展 ID 0x00~0x07 - HSC 的插件端口 ID 对于初始版 Connected Components Workbench，仅支持 ID 0x00~0x05

使用说明：将表中各位上符合实际要使用的 HSC 的信息数据组合为一个无符号整数，写到 HSCAppData 的 HSCID 位置上即可。例如，选择控制器自带的第一个 HSC 接口，即 15~13 位为 0，表示本地的 I/O；12~8 位为 0，表示本地的通道，非扩展或嵌入模块；7~0 位为 0，表示选择第 0 个 HSC，这样最终将定义的 HSCAPP 类型的输入到 HSCID 位置上，HSC 模式见表 5-86。

表 5-86　HSC 模式

HSCMode	计数模式
0	增序计数器。累加器会在其达到高预设时立即清零（0）。此模式下不能定义低预设
1	带有外部重置和保存功能的增序计数器。累加器会在其达到高预设时立即清零（0）。此模式下不能定义低预设
2	采用外部方向的计数器
3	采用外部方向并具有重置和保存功能的计数器
4	双输入计数器（向上和向下）
5	具有外部重置和保存功能的双输入计数器（向上和向下）
6	正交计数器（带相位输入 A 和 B）
7	具有外部重置和保存功能的正交计数器（带相位输入 A 和 B）
8	正交 X4 计数器（带相位输入 A 和 B）
9	具有外部重置和保存功能的正交 X4 计数器（带相位输入 A 和 B）

注：HSC3、HSC4 和 HSC5 只支持 0、2、4、6 和 8 模式。HSC0、HSC1 和 HSC2 支持所有模式。

HSCSTS 数据类型结构（HSCStsInfo），见表 5-87，它可以显示 HSC 的各种状态，大多是只读数据。其中的一些标志可以用于逻辑编程。

表 5-87　HSCSTS 数据类型结构

参数	数据类型	HSC 模式	用户程序访问	描述
CountEnable	BOOL	0~9	只读	已启用计数
ErrorDetected	BOOL	0~9	读取 / 写入	非零意味着检测到错误
CountUpFlag	BOOL	0~9	只读	向上计数标志
CountDwnFlag	BOOL	2~9	只读	向下计数标志
ModelDone	BOOL	0、1	读取 / 写入	HSC 是模式 1A 或模式 1B；累加器向上计数到 HP 值
OVF	BOOL	0~9	读取 / 写入	检测到上溢
UNF	BOOL	0~9	读取 / 写入	检测到下溢
CountDir	BOOL	0~9	只读	1：向上计数；0：向下计数
HPReached	BOOL	2~9	读取 / 写入	达到高预设
LPReached	BOOL	2~9	读取 / 写入	达到低预设
OFCauseInter	BOOL	0~9	读取 / 写入	上溢造成 HSC 中断
UFCauseInter	BOOL	2~9	读取 / 写入	下溢造成 HSC 中断
HPCauseInter	BOOL	0~9	读取 / 写入	达到高预设，从而造成 HSC 中断
LPCauseInter	BOOL	2~9	读取 / 写入	达到低预设，从而造成 HSC 中断
PlsPosition	UINT	0~9	只读	可编程限位开关（PLS）的位置。完成完整周期并达到 HP 值后，PLSPosition 参数被复位
ErrorCode	UINT	0~9	读取 / 写入	显示 HSC 子系统检测到的错误代码
Accumulator	DINT		读取 / 写入	实际累加器读取
HP	DINT		只读	最终高预设设置
LP	DINT		只读	最终低预设设置
HPOutput	UDINT		读取 / 写入	最终高预设输出设置
LPOutput	UDINT		读取 / 写入	最终低预设输出设置

关于 HSC 状态信息数据结构（HSCSTS）说明如下：

在 HSC 执行的周期里，HSC 功能块在 "0X01"（HscCmd）命令下，状态将会持续更新。

在 HSC 执行的周期里，如果发生错误，错误检测标志将会打开，不同的错误情况对应见表 5-88 的错误代码。

表 5-88　HSC 错误代码

错误代码位	HSC 计数时错误代码	错误描述
15~8（高字节）	0~255	高字节非零表示 HSC 错误由 PLS 数据设置导致 高字节的数值表示触发错误 PLS 数据中数组编号
7~0（低字节）	0x00	无错误
	0x01	无效 HSC 计数模式
	0x02	无效高预设值
	0x03	无效上溢
	0x04	无效下溢
	0x05	无 PLS 数据

可编程限位开关（PLS）数据是一组数组，每组数组包括高、低预设值以及上、下溢出值。PLS 功能是 HSC 操作模式的附加设置。当允许该模式操作时（PISEnable 选通），每次达到一个预设值，预设和输出数据将通过用户提供的数据更新（即 PLS 数据中下一组数组的设定值）。所以，当需要对同一个 HSC 使用不同的设定值时，可以通过提供一个包含将要使用的数据的 PIS 数据结构实现。PLS 数据结构是一个大小可变的数组。注意，一个 PLS 数据体的数组个数不能大于 255。当 PLS 没有使能时，PLS 数据结构可以不用定义。表 5-89 列出每组数组的基本元素。

表 5-89　PLS 数据结构元素作用表

命令元素	数据类型	元素描述
字 0~1	DINT	高预设值设置
字 2~3	DINT	低预设值设置
字 4~5	UDINT	高位输出预设值
字 6~7	UDINT	低位输出预设值

HSC 状态值代码（Sts 上对应的输出），见表 5-90。

表 5-90　HSC 状态表

HSC 状态值	状态描述
0x00	无动作（没有使能）
0x01	HSC 功能块执行成功
0x02	HSC 命令无效
0x03	HSC ID 超出有效范围
0x04	HSC 配置错误

在使用 HSC 计数时，注意设置滤波参数，否则 HISC 将无法正常计数。该参数在硬件信息中使用的是 HSCO 如图 5-107 所示，其输入编号是 input0~1。

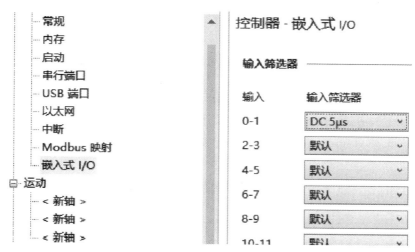

图 5-107　设置滤波参数

高速计数器一般用于计数达到要求后触发中断，进而处理用户自定义的中断程序。中断的设置在硬件信息中的 Interrupts 中能够找到，如图 5-108 所示。

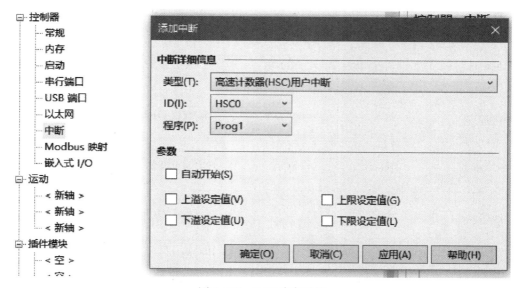

图 5-108　HSC 中断设置

如图 5-108 所示，选择的是 HSC 类型的用户中断，触发该中断的是将要执行的中断程序 HSCO（用户自定义）。该对话框中 HSCa 还看到 Auto Start 参数，当它被置为真时，只要控制器进入任何"运行"或"测试"模式，HSC 类型的用户中断将自动执行。该位的设置将作为程序的一部分被存储起来。"Mask for IV"表示当该位置假（0）时，程序将不执行检测到的上溢中断命令，该位可以由用户程序设置，且它的值在整个上电周期内将会保持住。类似的"Mask for IN""Mask for II"和"Mask for IL"分别表示屏蔽下溢中断、高设置值中断及低设置值中断。

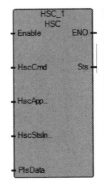

图 5-109　高速计数器状态设置功能块

2. HSC 状态设置

高速计数器状态设置功能块用于改变 HSC 计数状态，其功能块图如图 5-109 所示。注意：当 HSC 功能块不计数时（停止）才能调用该设置功能块，否则输入参数将会持续更新且任何 HSC_SET_STS 功能块做出的设置都会被忽略。

该功能块的参数见表 5-91。

表 5-91　高速计数器状态设置功能块参数列表

参数	参数类型	数据类型	描述
EN	输入	BOOL	指令块梯级状态 TRUE- 计时器开始递增 FALSE- 功能块处于空闲状态 不建议与 HSC 功能块一起使用 EN 参数，因为在将 EN 设置为 FALSE 时，计时器继续递增 仅适用于梯形图编程
Enable	输入	BOOL	启用指令块 TRUE- 执行 HSC 命令参数中指定的 HSC 操作 FALSE- 不发布任何 HSC 命令
HscCmd	输入	USINT	向 HSC 发布命令
HSCAppData	输入	HSCAPP	HSC 应用程序配置（通常仅需一次）
HSCStsInfo	输入	HSCSTS	HSC 动态状态，在 HSC 计数期间不断更新
PlsData	输入	DINT UDINT	可编程限位开关（PLS）数据结构
Sts	输出	UINT	HSC 执行状态 HSC 状态代码： • 0x00- 未采取行动（未启用） • 0x01-HSC 执行成功 • 0x02-HSC 命令无效 • 0x03-HSC ID 超出范围 • 0x04-HSC 配置错误
ENO	输出	BOOL	启用"输出" 仅适用于梯形图编程

3. HSC 的应用

1）硬件连线　将 PTO 口脉冲输出口 O.OO 直接接到 HSC 高速计数器 I.OO 口上，使用 HSC 计数 PTO 口的脉冲个数，硬件连接之后需要对数字量输入 I.OO 口进行配置方能计数到高速脉冲个数。打开 CCW，双击 Micro850 图标，单击 Embedded VO 口，将输入 0-1 号口选为 5μs，配置方法如图 5-110 所示。

图 5-110　配置高速计数器脉冲输入口

2）创建 HSC 模块　在 CCW 中建立一个例程，例程中创建 HSC 模块，创建相应的变量。并设置初始值，初始值的设置如图 5-111 所示。

```
[-] HSC_AppData
    HSC_AppData.PlsEnable
    HSC_AppData.HscID
    HSC_AppData.HscMode
    HSC_AppData.Accumulator
    HSC_AppData.HPSetting
    HSC_AppData.LPSetting
    HSC_AppData.OFSetting
    HSC_AppData.UFSetting
    HSC_AppData.OutputMask
    HSC_AppData.HPOutput
    HSC_AppData.LPOutput
```

图 5-111　配置高速计数器脉冲输入口

其中 HscID 选择 0，表示选择 HSCO 计数器，使用 Micro850 的嵌入式输入口 0.3。HSC-Mode 设置为 2，选择模式 2a，即嵌入式输入口 1.00 作为增 / 减计数器，I.01 作为方向选择位，I.01 置 1 时使用加计数器，置 0 时使用减计数器。HPSetting 设置为 100000，表示计数 10000 个脉冲，如果以 200pluse/10mm 计算，500mm 刚好达到 HPSting 的值，即移动 500mm 的距离。

3）启动 HSC 模块计数脉冲个数　利用 Kinetix 3 编写的程序，使用 MC MoveRelative 模块，使电动机运行 1000mm。运行电动机后，HSC 模块的状态显示如图 5-112 所示。

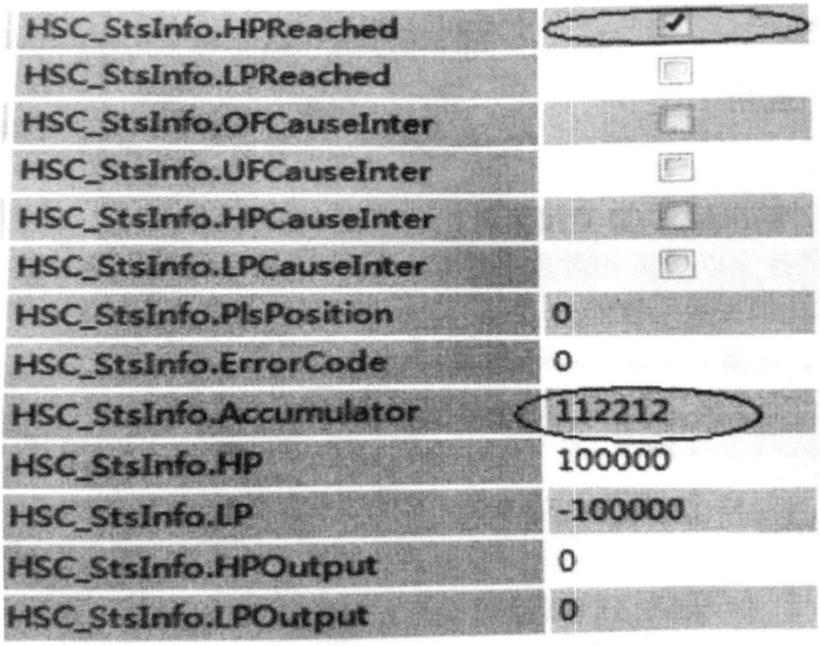

HSC_StsInfo.HPReached	✓
HSC_StsInfo.LPReached	
HSC_StsInfo.OFCauseInter	
HSC_StsInfo.UFCauseInter	
HSC_StsInfo.HPCauseInter	
HSC_StsInfo.LPCauseInter	
HSC_StsInfo.PlsPosition	0
HSC_StsInfo.ErrorCode	0
HSC_StsInfo.Accumulator	112212
HSC_StsInfo.HP	100000
HSC_StsInfo.LP	-100000
HSC_StsInfo.HPOutput	0
HSC_StsInfo.LPOutput	0

图 5-112　HSC 状态位

可以看到脉冲计数开始，Accumulatory 计数器开始计数，当超 10000 个脉冲时，HP-Reached 引脚置 1，表示电动机到达高限位开关，在实际应用中可以此信号作为电动机停止信号让电动机停止运行。

5.4.3　PID 指令

比例 - 积分 - 微分（PID）控制使过程控制能够通过调整控制输出来准确保持设定值。PID 功能块将所有必需的逻辑合并来执行比例 - 积分 - 微分（PID）控制。

1. IPIDCONTROLLER（比例 - 积分 - 微分控制器）

配置和控制用于比例 - 积分 - 微分（PID）逻辑的输入和输出。PID 逻辑通过使用为所需设定点和测量过程变量之间的差异计算错误值的过程循环，来控制诸如温度、压力、液面、级别或流速等物理属性。控制器尝试通过调整控制变量随时间出现的错误最小化。计算包括使用的比例（P）、积分（I）和微分（D）项，如下所示：

1）P：错误的当前值。

2）I：错误的上一个值。

3）D：错误的可能未来值，基于其当前更改速率。使用过程循环控制诸如温度、压力、液面或流速等物理属性。功能块图如图 5-113 所示，参数见表 5-92。

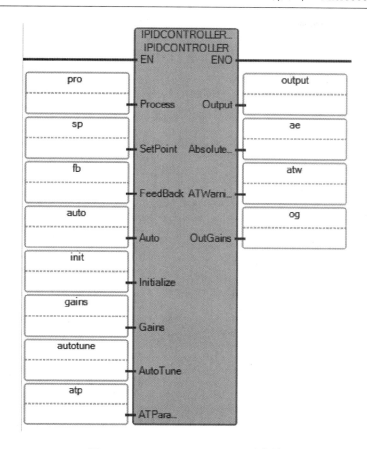

图 5-113　IPIDCONTROLLER 功能块

表 5-92　**IPIDCONTROLLER 参数**

参数	参数类型	数据类型	描述
EN	输入	BOOL	当为 TRUE 时，启用指令块 TRUE- 执行 PID 计算 FALSE- 指令块处于空闲状态 适用于梯形图编程
Process	输入	REAL	流程值，是根据流程输出测量到的值
SetPoint	输入	REAL	设置点
FeedBack	输入	REAL	反馈信号，是应用于流程的控制变量的值 例如，反馈可以为 IPIDCONTROLLER 输出
Auto	输入	BOOL	PID 控制器的操作模式： • TRUE- 控制器以正常模式运行 • FALSE- 控制器导致将 R 重置为跟踪（FGE）
Initialize	输入	BOOL	值的更改（TRUE 更改为 FALSE 或 FALSE 更改为 TRUE）导致在该循环期间控制器消除任何比例增益。同时还会初始化 AutoTune 序列

（续）

参数	参数类型	数据类型	描述
Gains	输入	GAIN_PID	IPIDController 的增益 PID 使用 GAIN_PID 数据类型定义增益输入的参数
AutoTune	输入	BOOL	TRUE- 当 Auto Tune 为 TRUE 且 Auto 和 Initialize 为 FALSE 时，会启动 AutoTune 序列 FALSE- 不启动 Autotune
ATParameters	输入	AT_Param	自动调节参数 使用 AT_Param 数据类型定义 ATParameters 输入的参数
Output	输出	REAL	来自控制器的输出值
AbsoluteError	输出	REAL	来自控制器的绝对错误（Process-SetPoint）
ATWarnings	输出	DINT	（ATWarning）自动调节序列的警告。可能的值有 • 0- 没有执行自动调节 • 1- 处于自动调节模式 • 2- 已执行自动调节 • -1-ERROR1 输入自动设置为 TRUE，不可能进行自动调节 • -2-ERROR2 自动调节错误，ATDynaSet 已过期
OutGains	输出	GAIN_PID	在 AutoTune 序列之后计算的增益 使用 GAIN_PID 数据类型定义 OutGains 输出
ENO	输出	BOOL	启用"输出" 适用于梯形图编程

2. PID（比例 - 积分 - 微分）

PID 是在使用过程循环控制诸如温度、压力、液面或流速等物理属性的输出指令。参数见表 5-93、数据类型见表 5-94、功能图块如图 5-114 所示。

表 5-93　PID 参数

参数	参数类型	数据类型	描述
Enable	输入	BOOL	启用指令 TRUE- 使用当前输入参数开始执行 FALSE-PID 不执行。将 CV 设置为 0，并计算 AbsoluteError
PV	输入	REAL	进程值。该值通常读取自模拟输入模块 SI 单位必须与 Setpoint 相同
SP	输入	REAL	过程的设置点值
AutoManual	输入	BOOL	自动或手动模式选择 TRUE-CV 由 PID 控制 FALSE-PID 正在运行，并且 CV 由 CVManual 输入控制

（续）

参数	参数类型	数据类型	描述
CVManual	输入	REAL	为手动模式操作定义的控制值输入 CVManual 的有效范围为 CVMin ＜ CVManual ＜ CVMax
CVMin	输入	REAL	控制值的最小限值 如果 CV ＜ CVMin，则 CV=CVMin 如果 CVMin ＞ CVMax，则发生错误
CVMax	输入	REAL	控制值的最大限值 如果 CV ＞ CVMax，则 CV=CVMax 如果 CVMax ＜ CVMin，则发生错误
Gains	输入	PID_GAINS	控制器 PID 的增益 使用 PID_GAINS 数据类型可配置 Gains 参数
Control	输入	BOOL	控制过程的方向： TRUE- 正向作用，如冷却 FALSE- 反向作用，如加热
Active	输出	BOOL	PID 控制器的状态 TRUE-PID 处于活动状态 FALSE-PID 已停止
CV	输出	REAL	控制值输出 如果发生任何错误，则 CV 为 0
AbsoluteError	输出	REAL	绝对误差是过程值（PV）和设置点（SP）值之间的差值
Error	输出	BOOL	表示存在错误条件 TRUE- 操作过程遇到错误 FALSE- 操作过程成功完成或指令未执行
ErrorID	输出	USINT	标识错误的唯一数字。这些错误在 PID 错误代码中定义

表 5-94　PID 数据类型

参数	参数类型	数据类型	描述
Kc	输入	REAL	PID 的控制器增益 比例和积分取决于此增益（≥ 0.0001） 增大 Kc 可提高响应时间性能，但也会增加 PID 的过冲和振荡 如果 Kc 无效，则发生错误
Ti	输入	REAL	以秒为单位的时间积分常数（≥ 0.0001） 增大 Ti 会降低 PID 的过冲和振荡 如果 Ti 无效，则发生错误
Td	输入	REAL	以秒为单位的时间微分常数（≥ 0.0） 当 Td 等于 0 时，不存在微分作用，PID 成为 PI 控制器 增加 Td 会减少过冲，并消除 PID 控制器的振荡 如果 Td 无效，则发生错误
FC	输入	REAL	滤波常数（≥ 0.0）。建议的 FC 范围为 0~20 增大 FC 会平滑 PID 控制器的响应 如果 FC 无效，则发生错误

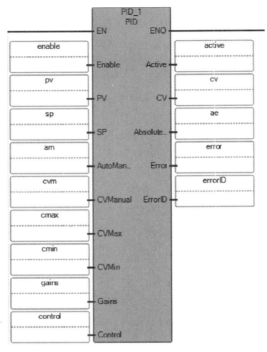

图 5-114　PID 功能图块

5.4.4　时钟指令

使用实时时钟指令配置日历和时钟，它包含 RTC_READ 和 RTC_SET 两条指令。

1.RTC_READ（读取实时时钟）

用于读取实时时钟（RTC）模块信息。功能块如图 5-115 所示、参数见表 5-95、数据类型见表 5-96。

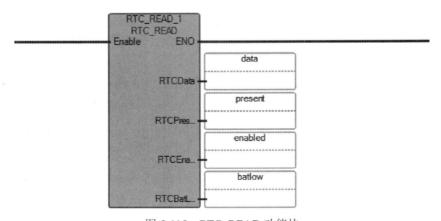

图 5-115　RTC_READ 功能块

表 5-95　RTC 参数

参数	参数类型	数据类型	描述
Enable	输入	BOOL	启用指令块 TRUE- 执行 RTC 信息读取 FALSE- 不进行读取操作，并且 RTC 输出数据无效
RTCData	输出	RTC	RTC 数据信息：yy/mm/dd，hh/mm/ss，星期 使用 RTC 数据类型定义 RTCData 输出
RTCPresent	输出	BOOL	TRUE- 已插入 RTC 硬件 FALSE- 未插入 RTC 硬件
RTCEnabled	输出	BOOL	TRUE- 已启用 RTC 硬件（计时） FALSE- 已禁用 RTC 硬件（未计时）
RTCBatLow	输出	BOOL	TRUE-RTC 电池电量低 FALSE-RTC 电池电量不低
ENO	输出	BOOL	启用"输出" 仅适用于梯形图编程

表 5-96　RTC 数据类型

参数	数据类型	描述
Year	UINT	RTC 的年设置。16 位值，有效范围为 2000（1 月 01 日 00：00：00）～ 2098（12 月 31 日 23：59：59）
Month	UINT	RTC 的月设置
Day	UINT	RTC 的日设置
Hour	UINT	RTC 的小时设置
Minute	UINT	RTC 的分钟设置
Second	UINT	RTC 的秒钟设置
DayOfWeek	UINT	RTC 的星期设置。RTC_SET 将忽略此参数

2.RTC_SET（设置实时时钟）

将 RTC（实时时钟）数据设置为 RTC 模块信息。功能块如图 5-116 所示、参数见表 5-97、数据类型见表 5-98。

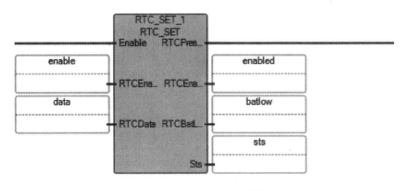

图 5-116　RTC_SET 功能块

表 5-97 RTC_SET 参数

参数	参数类型	数据类型	描述
Enable	输入	BOOL	启用指令块 TRUE- 使用输入的 RTC 信息执行 RTC_SET FALSE- 不进行读取操作，并且 RTC 输出数据无效
RTCEnable	输入	BOOL	TRUE- 启用 RTC 及指定的 RTC 数据 FALSE- 禁用 RTC Micro810 和 Micro820 控制器会忽略此输入
RTCData	输入	RTC	RTC 数据信息：RTC 数据类型中定义的 yy/mm/dd、hh/mm/ss、星期 当 RTCEnable=0 时会忽略 RTCData
RTCPresent	输出	BOOL	TRUE- 已插入 RTC 硬件 FALSE- 未插入 RTC 硬件
RTCEnabled	输出	BOOL	TRUE- 已启用 RTC 硬件（计时） FALSE- 已禁用 RTC 硬件（未计时）
RTCBatLow	输出	BOOL	TRUE-RTC 电池电量低 FALSE-RTC 电池电量不低
Sts	输出	USINT	读取操作状态 RTC_Set 状态（Sts）值： • 0x00- 未启用功能块（无操作） • 0x01-RTC 设置操作成功 • 0x02-RTC 设置操作失败

表 5-98 RTC_SET 数据类型

参数	数据类型	描述
Year	UINT	RTC 的年设置。16 位值，有效范围为 2000（1 月 01 日 00：00：00）～ 2098（12 月 31 日 23：59：59）
Month	UINT	RTC 的月设置
Day	UINT	RTC 的日设置
Hour	UINT	RTC 的小时设置
Minute	UINT	RTC 的分钟设置
Second	UINT	RTC 的秒钟设置
DayOfWeek	UINT	RTC 的星期设置。RTC_SET 将忽略此参数

5.5 自定义功能块

5.5.1 自定义功能块的创建

Micro850 控制器的一个突出特点就是在用梯形图语言编写程序的过程中，对于经常重复使用的功能可以编写成模块，需要重复使用的时候直接点用该功能块即可，无须重复编写程序。功能块的编写步骤与编写主程序的步骤基本一致，下面将简单介绍。

1）在项目组织器中，选择用户自定义的功能块图标，单击鼠标右键，选择新建梯形图，如图 5-117 所示。

图 5-117　创建自定义功能块

2）新建功能块的名称默认为 FB1，单击鼠标右键，选择重命名，可以给功能块定义相应的名字，如图 5-118 所示。

图 5-118　功能块重命名

3）在用户定义的功能块中双击局部变量，在局部变量中定义所需变量，以及其类型和方向，如图 5-119 所示。

图 5-119　定义局部变量

　　完成自定义功能块的建立之后，在自定义功能块中用梯形图编写所要实现的功能。

　　完成功能块的编写之后，在项目组织器中，鼠标右键单击功能块图标，选择编译生成，可以对编好的程序进行编译，如果程序没有出错，单击保存按钮即可，如图 5-120 所示。如果程序出现错误，在输出窗口将出现提示信息，提示程序编译时出现错误，并在错误列表中指出错误所在的位置，双击跳转后对错误进行更改。然后再对程序进行编译，确认程序无误后单击保存按钮。

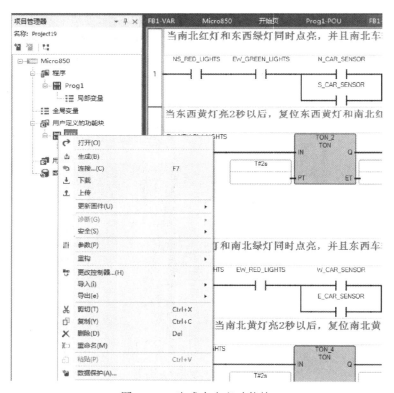

图 5-120　生成自定义功能块

5.5.2　自定义功能块的使用

5.5.1 节完成了对自定义功能块的编写，本节主要介绍自定义功能块在主程序中的使用。

1）首先在项目组织器窗口中创建一个梯形图程序，双击创建的新程序，进行编程。

2）在工具箱里选择功能块指令，拖拽到程序梯级中，此时会自动弹出功能块选择列表，在搜索栏输入自定义的功能块名称，双击此自定义功能块，实现调用。如图 5-121、图 5-122 所示。

图 5-121　调用自定义功能块

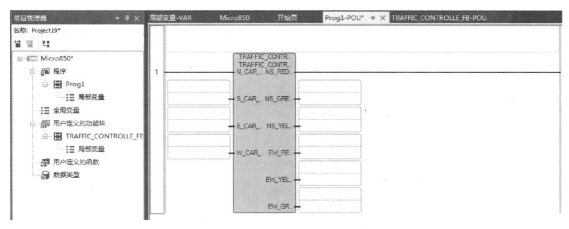

图 5-122　自定义功能块调用成功

第 6 章

PLC 程序设计

利用梯形图编程是 PLC 的重要特点，掌握梯形图的编程方式及相应的指令系统是 PLC 应用的基础。

6.1 PLC 用户程序结构及规则

采用梯形图要有一定的格式，如图 6-1 所示。

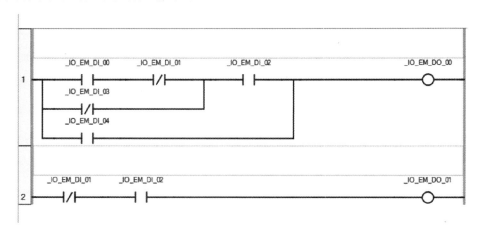

图 6-1　梯形图示例

梯形图的编程规则主要具有以下几点：

1）梯形图由多个梯级组成，每个输出元素可构成一个梯级。输出元素主要指继电器线圈或指令。

2）每个梯级可由多个支路组成，每个支路可容纳多个编程元素，最右边的元素必须是输出元素。

3）梯形图两侧的竖线类似电气控制图的电源线，称作母线 (BUS BAR)。编程时要从母线开始，按梯级自上而下，每个梯级从左到右的顺序编制。左侧总是安排输入触点，并且把并联触点多的支路靠近最左端。

4）在梯形图中每个编程元素应按一定的规则加标字母、数字串，不同的编程元素常用不同的字母符号和数字串表示。编程元素中常以"┤├"符号表示指定继电器的常开触点；以"┤╱├"符号表示指定继电器的常闭触点；以"─○─"符号表示指定继电器的控制线圈。

5）在梯形图中不允许两行之间或两条支路之间连接元素，如图 6-2 所示。这种方式是无法进行编程的，应进行转换。

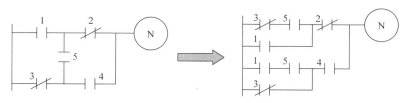

图 6-2　梯形图的转换

梯形图中的继电器不是物理继电器，其每个继电器和输入触点均为存储器中的一位。相应位为"1"状态时，表示继电器线圈通电或常开触点闭合或常闭触点断开。

6.2　PLC 设计方法

PLC 应用程序设计常用的方法主要有经验设计法、继电器控制电路转换为梯形图法、逻辑设计法、顺序控制设计法等。

6.2.1　经验设计法

经验设计法指在典型控制电路程序的基础上，根据被控制对象的具体要求，进行选择组合，并多次反复调试和修改梯形图，有时需要增加一些辅助触点和中间编程环节，才能达到控制要求。这种方法没有规律可遵循，设计所用的时间和设计质量与设计者的经验有很大的关系，称为经验设计法，经验设计法用于较简单的梯形图设计。应用经验设计法，必须熟记一些典型的控制电路，如起保停电路、脉冲发生电路等。

6.2.2　继电器控制电路转换为梯形图法

继电器、接触器控制系统经过长期使用，已具备一套能完成系统要求的控制功能、并经过验证的控制电路图，PLC 控制的梯形图和继电器、接触器控制电路图很相似，因此，可以直接将经过验证的继电器、接触器控制电路图转换成梯形图。主要步骤如下：

1）熟悉现有的继电器控制线路。

2）对照 PLC 的 I/O 端子接线图，将继电器电路图上的被控器件（如接触器线圈、指示灯、电磁阀等）换成接线图上对应的输出点编号，将电路图上的输入装置（如传感器、按钮开关、行程开关等）触点换成对应的输入点编号。

3）将继电器电路图中的中间继电器、定时器，用 PLC 的辅助继电器、定时器来代替。

4）画出全部梯形图，并予以简化和修改。

这种方法针对简单的控制系统是可行的，比较方便，对于较复杂的控制电路就不适用了。

下面以电动机丫/△减压起动控制主电路为例，说明电气控制图转换成梯形图的过程。

图 6-3 为电动机丫 / △减压起动控制主电路和电气控制的原理图。

工作原理如下:按下起动按钮 SB2,KM1、KM3、KT 通电并自保,电动机接成丫形起动;2s 后,KT 动作,使 KM3 断电,KM2 通电吸合,电动机接成△运行。按下停止按扭 SB1,电动机停止运行。

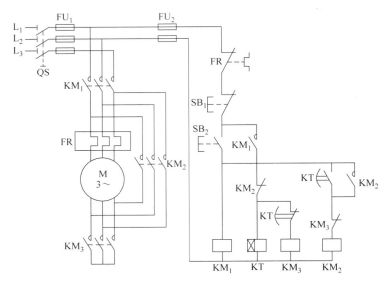

图 6-3　电动机丫 / △减压起动控制原理图

转换后的梯形图程序如图 6-4 所示。

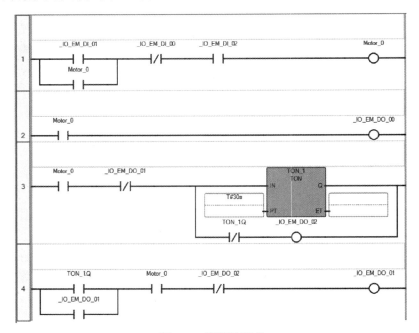

图 6-4　梯形图程序

按照梯形图语言中的语法规定简化和修改梯形图,简化后的梯形图如图 6-5 所示。

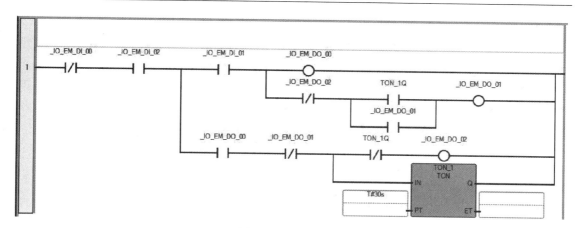

图 6-5　梯形图程序

6.2.3　逻辑设计法

逻辑设计法以布尔代数为理论基础，根据生产过程中各工步之间的各个检测元件（如行程开关、传感器等）状态的变化，列出检测元件的状态表，确定所需的中间记忆元件，再列出各执行元件的工序表，然后，写出检测元件、中间记忆元件和执行元件的逻辑表达式，最后再转换成梯形图。该方法在单一条件控制系统中非常好用，相当于组合逻辑电路，但与时间有关的控制系统中就很复杂。

逻辑设计方法的基本含义是以逻辑组合方法及形式设计电气控制系统，这种设计方法既有严密可循的规律性，又有明确可行的设计步骤，并具有简便、直观及规范的特点。布尔助记符程序设计语言常采用这类设计方法。PLC 早期应用就是替代继电器控制系统。换言之，PLC 是"与""或""非"三种逻辑线路的组合体，梯形图程序的基本形式也是"与""或""非"的逻辑组合。当一个逻辑函数用逻辑变量的基本运算式表示出来后，实现该逻辑函数功能的线路也随之确定，进一步由梯形图直接写出对应的指令语句程序即可。

设计步骤如下：

1）首先通过分析工艺过程，明确控制任务和控制要求，绘制工作循环和检测元件分布图，获得电气执行元件功能表。

2）详细绘制电控系统状态转换表，状态转换表由输出信号状态表、输入信号状态表、状态转换主令表和中间记忆装置状态表 4 部分组成，状态转换表可全面、完整地展示电控系统各部分、各时刻的状态和状态之间的联系及转换，它是进行电控系统的分析和设计的有效工具。

3）进行逻辑设计，列出中间记忆元件的逻辑函数表达式和执行元件的逻辑函数表达式，这两个函数表达式，既是生产机械或生产过程内部逻辑关系和变化规律的表达形式，又是构成电控系统实现目标的具体程序。如果设计者需要使用梯形图程序作为一种过渡，或者选用具有图形输入功能的 PLC 编程器，可以由逻辑函数式转换为梯形图程序。

4）补充和完善程序，包括手动工作方式的设计、手动工作方式的选择、自动工作循环及保护措施等。

下面以交通灯控制系统为例，说明逻辑设计法程序设计。

交通灯控制要求如图 6-6 所示。起动后，南北红灯亮并维持 25s；在南北红灯亮的同时，东西绿灯也亮；1s 后，东西车灯甲亮；到 20s 时，东西绿灯闪亮，3s 后熄灭；在东西绿灯熄灭后，东西黄灯亮，同时甲灭；黄灯亮 2s 后灭，东西红灯亮，与此同时，南北红灯灭，南北绿灯亮；1s 后，南北车灯即乙亮；南北绿灯亮了 25s 后闪亮，3s 后熄灭，同时乙灭，黄灯亮 2s 后熄灭南北红灯亮，东西绿灯亮；循环上述过程。

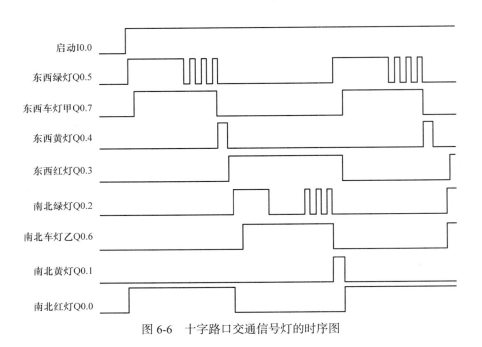

图 6-6　十字路口交通信号灯的时序图

根据十字路口交通信号灯的时序图，用基本逻辑指令设计的信号灯控制的梯形图如图 6-7 所示。分析如下：

首先，找出南北方向和东西方向灯的关系：南北红灯亮（灭）的时间＝东西红灯灭（亮）的时间，南北红灯亮 25s（TON_2 计时）后，东西红灯亮 30s（TON_1 计时）后。

其次，找出东西方向灯的关系：东西红灯亮 30s 后灭（TON_1 复位）→东西绿灯平光亮 20s（TON_3 计时）后→东西绿灯闪光 3s（TON_4 计时）后，绿灯灭→东西黄灯亮 2s（TON_5 计时）。

然后，找出南北向灯的关系：南北红灯亮 25s（TON_2 计时）后灭→南北绿灯平光 25s（TON_6 计时）后→南北绿灯闪光 3s（TON_7 计时）后，绿灯灭→南北黄灯亮 2s（TON_8 计时）。

最后，找出车灯的时序关系：东西车灯是在南北红灯亮后开始延时（TON_9 计时）1s 后，东西车灯亮，直至东西绿灯闪光灭（TON_4 延时到）；南北车灯是在东西红灯亮后开始延时（TON_10 计时）1s 后，南北车灯亮，直至南北绿灯闪光灭（TON_7 延时到）。

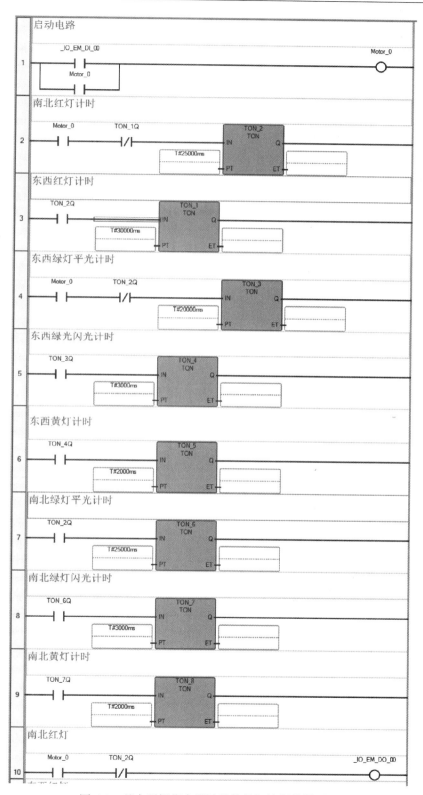

图 6-7 基本逻辑指令设计的信号灯控制的梯形图

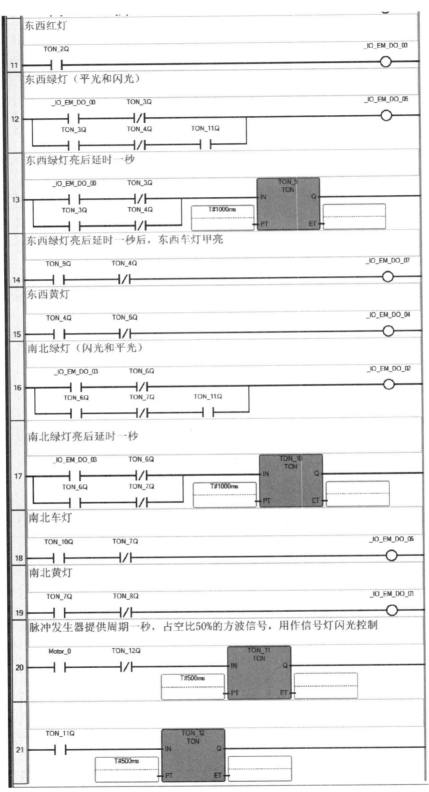

图 6-7　基本逻辑指令设计的信号灯控制的梯形图（续）

6.2.4　顺序控制设计法

在工业控制过程中，许多场合要应用顺序控制的方式进行控制。顺序控制是使生产过程按生产工艺要求预先安排的顺序自动进行生产的控制方式。

1. 功能流程图

功能流程图简称功能图，又称为状态流程图或状态转移图。它是专用于工业顺序控制程序设计的一种功能说明性语言，能完整地描述控制系统的工作过程、功能和特性，是分析、设计电气控制系统控制程序的重要工具。

功能图程序设计语言的特点：

1）以功能为主线，条理清楚，便于程序操作的理解和沟通。

2）大型程序可分工设计，采用较为灵活的程序结构，节省程序设计时间和调试时间。

3）两个步（或转移）不能直接相连，必须用一个步（或转移）将它们隔离。

4）初始步必不可少，一般对应于系统等待启动的初始状态。

5）仅当某一步所有的前级步都是活动步时，该步才有可能变成活动步，只有在活动步的命令和操作被执行后，系统才对活动步后的转移进行扫描，因此，整个程序的扫描时间较用其他语言编制的程序的扫描时间要大大缩短。

2. 功能流程图组成

功能表图主要由步、有向线段、转移、转移条件和动作（或命令）组成。

1）步　将控制系统的一个工作周期分为若干个顺序相连的阶段，这些阶段称为步。实际上步就是工位的某一个状态，它由 PC 的内部元件来代表。步是以输出量的状态变化来划分的，一般用矩形框表示，框中的数字是该状态的编号，原始状态（"0"状态）用双线框表示。步是控制系统中的一个相对不变的性质，它对应于一个稳定的状态。在功能流程图中，步通常表示某个执行元件的状态变化。步用矩形框表示，框中的数字是该步的编号，编号可以是该步对应的工步序号，也可以是与该步相对应的编程元件（如 PLC 内部的通用辅助继电器、步标志继电器等）。步的图形符号如图 6-8a 所示。

初始步对应于控制系统的初始状态，是系统运行的起点。一个控制系统至少有一个初始步，初始步用双线框表示，如图 6-8b 所示。

2）有向线段和转移　两个相邻状态之间的有向线段代表转移，系统从当前步进入下一步的信号称为转移条件，用与转移线段垂直的短线表示，短线旁的文字、图形符号或逻辑表达式标明转移条件的内容，转移条件可能来自外部输入信号或 PC 内部产生的信号。用转移条件控制代表各步的编程元件，使它们的状态按一定的顺序变化，然后，控制各输出继电器。动作或命令即状态框旁与之对应的各步内容的文字描述，可用矩形框将它们围起来，以短线连接到状态框。

有向线段和转移及转移条件如图 6-9 所示。

3）动作说明　一个步表示控制过程中的稳定状态，它可以对应一个或多个动作。可以在步右侧加一个矩形框，在框中用简明的文字说明该步对应的动作，如图 6-10 所示。图 6-10a 表示一个步对应一个动作；图 6-10b 和图 6-10c 表示一个步对应多个动作，两种方法任选一种。

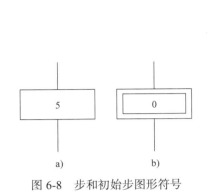

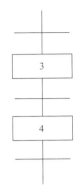

图 6-8　步和初始步图形符号

图 6-9　转移图示

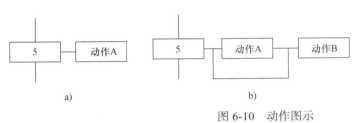

图 6-10　动作图示

4) 使用规则　步与步不能直接相连，必须用转移分开。转移与转移也不能直接相连，必须用步分开。步与转移、转移与步之间的连线采用有向线段，画功能图的顺序一般是自上而下或从左到右，正常顺序时可以省略箭头，否则必须加箭头。一个功能图至少应有一个初始步。

3. 功能流程图的结构形式

依据步之间的进展形式，功能流程图有以下几种结构。

1）单序列结构　单序列结构的功能流程图没有分支，每个步后只有一个步，步与步之间只有一个转移条件，结构如图 6-11 所示。

2）分支结构　分支结构分为选择性分支结构和并发性分支结构，选择性分支结构如图 6-12 所示，并发性分支结构如图 6-13 所示。

选择分支分为两种，选择分支开始，如图 6-14 所示；选择分支结束，如图 6-15 所示。

选择分支开始，指一个前级步后面紧接着若干个后续步可供选择，各分支都有各自的转移条件，其中表示为转移条件的短划线在各自分支中。

选择分支结束，又称选择分支合并，即几个选择分支在各自的转移条件成立时，转移到一个公共步上。

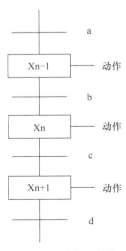

图 6-11　单序列结构

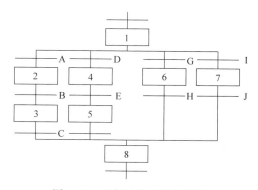

图 6-12 选择性分支结构图示

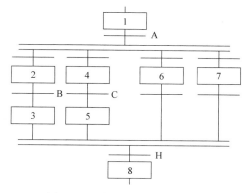

图 6-13 并发性分支结构图示

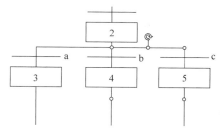

图 6-14 选择分支开始图示

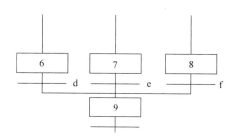

图 6-15 选择分支结束图示

并行分支分两种，图 6-16 为并行分支开始，图 6-17 为并行分支结束，也称为合并。并行分支开始是指当转移条件实现后，同时使多个后续步激活。为了强调转移的同步实现，水平连线用双线表示。图 6-16 中工步 2 处于激活状态，若转移条件 e=1，则工步 3、4、5 同时起动，工步 2 必须在工步 3、4、5 都开启后，才能断开。并行分支的合并是指当前级步 6、7、8 都为活动步，且转移条件 f 成立时，开通步 9，同时断开步 6、7、8。

3）循环跳转结构。循环结构用于一个顺序过程的多次或往复执行，结构如图 6-18 所示。

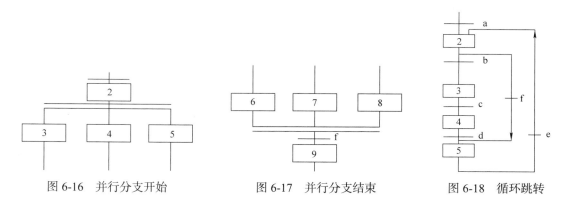

图 6-16 并行分支开始　　　图 6-17 并行分支结束　　　图 6-18 循环跳转

在实际生产工艺流程中，若要求在某些条件下执行预定的动作，则可用跳转程序。若需要重复执行某一过程，则可用循环程序。

跳转流程：当步 2 为活动步时，若条件 f=1，则跳过步 3 和步 4，直接激活步 5。

循环流程：当步 5 为活动步时，若条件 e=1，则激活步 2，循环执行。编程方法和选择流程类似，在此不再详细介绍。

注意转移是有方向的，若转移的顺序是自上而下，即为正常顺序，可以省略箭头。若转移的顺序自下而上，箭头不能省略。

4）复合结构　复合结构如图 6-19 所示。

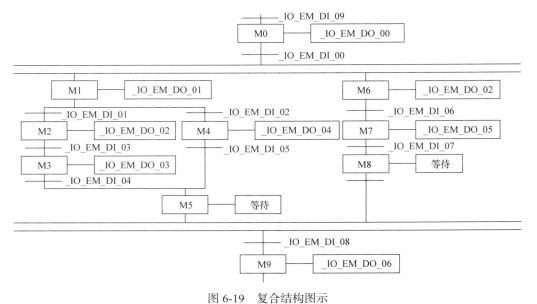

图 6-19　复合结构图示

4. 功能流程图到程序

根据功能流程图进行程序设计时，可以用中间继电器 M 来记忆工步，一步一步地顺序进行，也可使用置和复位指令、移位寄存器、顺序控制指令等编程方法实现。下面详细介绍功能流程图的编程方法。

1）起保停电路模式的编程　在梯形图中，为了实现前级步为活动步，且转移条件成立时，才能进行步的转移，总是将代表前级步的中间继电器的常开触点与转移条件对应的触点串联，作为代表后续步的中间继电器得电的条件。当后续步被激活，应将前级步断开，用代表后续步的中间继电器常闭触点串接在前级步的电路中。

单序列结构功能图及编程：单序列功能图如图 6-20 所示，其梯形图程序如图 6-21 所示。

如图 6-20 所示的功能流程图中，对应的状态逻辑关系：输出继电器 _IO_EM_DO_00

在 M1、M2 步中都被接通，应将 M1 和 M2 的常开触点并联驱动 _IO_EM_DO_00；而 _IO_EM_DO_01 输出继电器只在 M2 步为活动步时才接通，所以用 M2 的常开触点驱动 _IO_EM_DO_01。

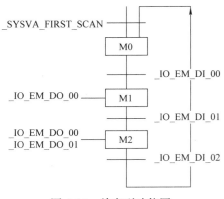

图 6-20　单序列功能图

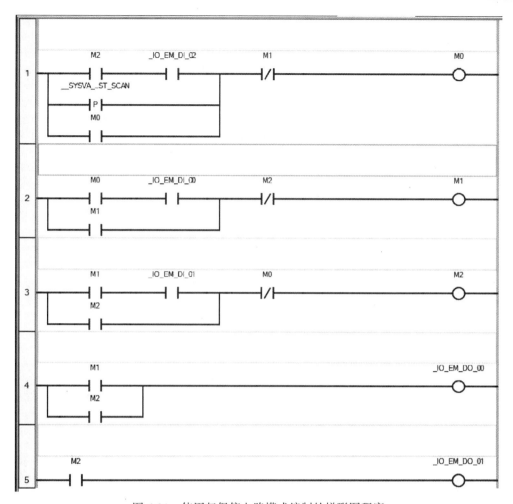

图 6-21　使用起保停电路模式编制的梯形图程序

分支结构功能图及编程：分支结构分为选择性分支结构和并发性分支结构，选择性分支结构功能图如图 6-22 所示，其梯形图程序如图 6-23 所示。

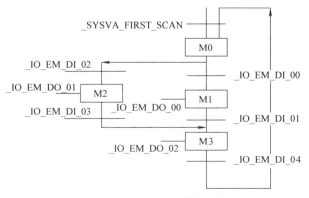

图 6-22　选择性分支结构功能图

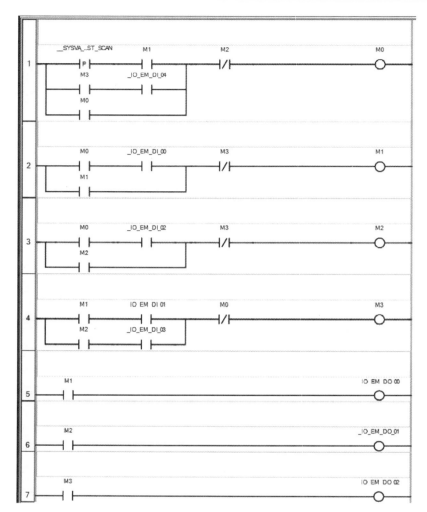

图 6-23　用起保停电路模式编制的梯形图程序

并发性分支结构功能图如图 6-24 所示，其梯形图程序如图 6-25 所示。

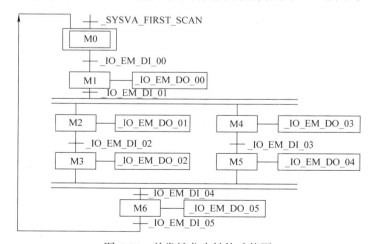

图 6-24　并发性分支结构功能图

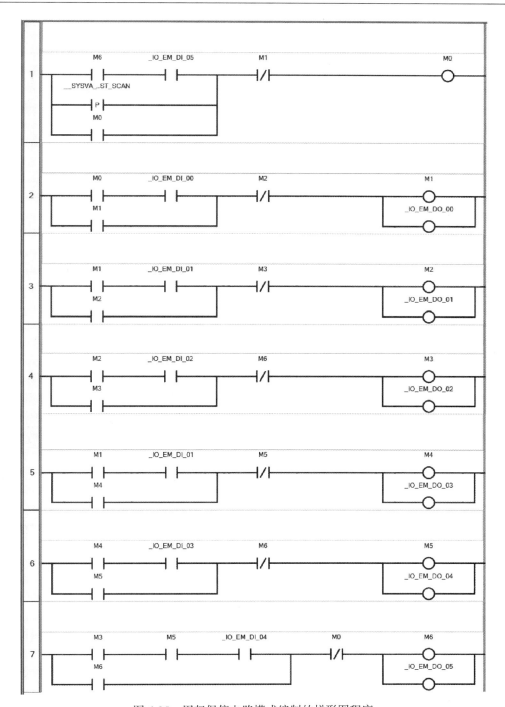

图 6-25　用起保停电路模式编制的梯形图程序

2）置位、复位指令的编程方法　Micro-850 系列 PLC 有置位和复位指令，并且对同一个线圈置位和复位指令可分开编程，所以可以实现以转移条件为中心的编程。

当前步为活动步且转移条件成立时，用 S 将代表后续步的中间继电器置位（激活），同时用 R 将本步复位（断开）。

　　单序列结构功能图及编程：图 6-20 所示的功能流程图中，如用 M0.0 的常开触点和转移条件 10.0 的常开触点串联作为 M0.1 置位的条件，同时作为 M0.0 复位的条件。这种编程方法很有规律，每一个转移都对应一个 S/R 的电路块，有多少个转移就有多少个这样的电路块。用置位、复位指令编制的梯形图程序如图 6-26 所示。

　　分支结构分为选择性分支结构和并发性分支结构，选择性分支结构功能仍采用图 6-22 的形式，其梯形图程序如图 6-27 所示。

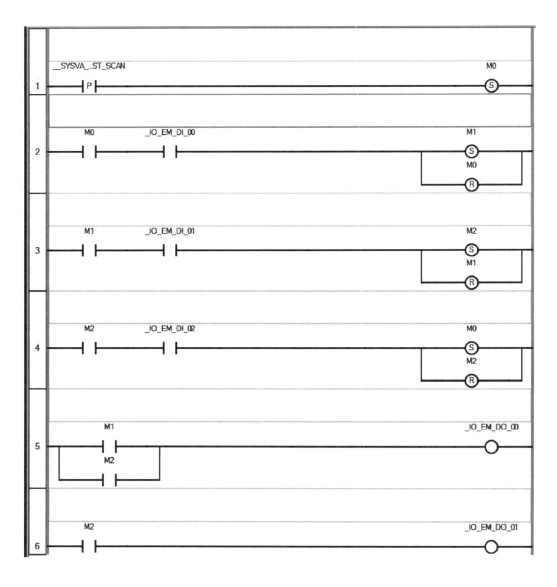

图 6-26　置位、复位指令编制的梯形图

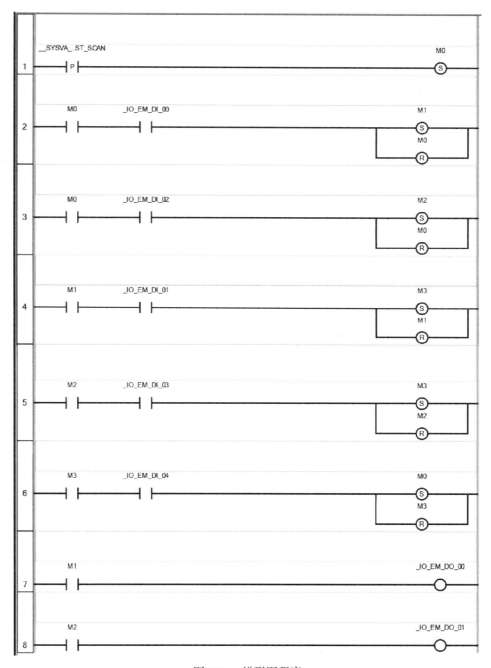

图 6-27　梯形图程序

并发性分支结构功能图我们仍采用图 6-24 的形式，其梯形图程序如图 6-28 所示。

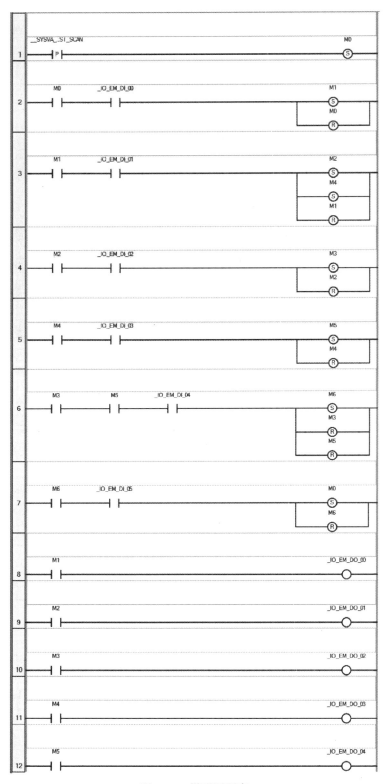

图 6-28　梯形图程序

3）移位寄存器指令编程的方法　单序列功能图及编程：单序列的功能流程图各步总是顺序通断，并且，同时只有一步接通，因此，容易采用移位指令实现这种控制。对于图 6-22 所示的功能流程图，可以指定一个中间变量 M，用该中间变量的第 1 位和第 2 位分别代表有输出的两步，移位脉冲由代表步状态的中间继电器的常开触点和对应的转移条件组成的串联支路并联提供，其中一开始的数据由中间变量的第 0 位提供。对应的梯形图程序如图 6-29 所示。在梯形图中将对应步的中间继电器的常闭触点串联连接，可以禁止流程执行的过程中将中间变量的第零位置 "1"，以免产生误操作信号，从而保证了流程的顺利执行。

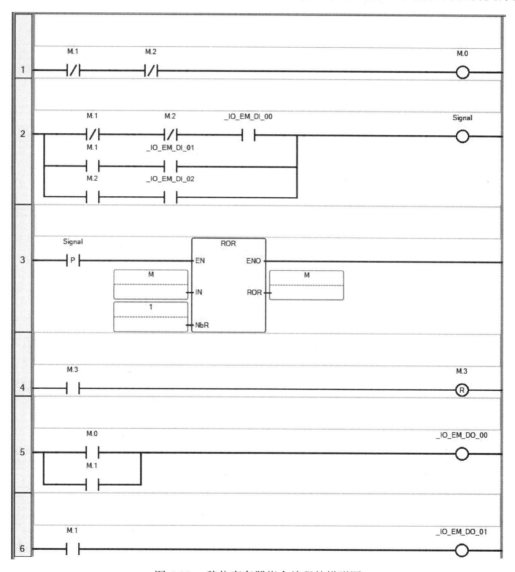

图 6-29　移位寄存器指令编程的梯形图

第 7 章

软件安装及调试

7.1 软件安装

7.1.1 系统环境配置

在表 7-1 列出的要求条件下，可以正常安装使用 CCW 软件。

表 7-1 CCW 软件安装要求

Operating system® （操作系统）	Tested versions (and service packs) （测试版本和服务）
Microsoft Windows®XP® Professional	Microsoft Windows XP Professional (32-bit) with Service Pack 3 This version of Connected Components Workbench is expected to operate correctly on all other editions and service packs of Microsoft Windows XP(excluding Windows XP Home)
Microsoft Windows Vista®	Microsoft Vista Business (32-bit) with Service Pack 2 Microsoft Vista Home Basic (32-bit) with Service Pack 2
Microsoft Windows 7®	Microsoft Windows 7 Home Basic (32-bit) Microsoft Windows 7 Home Premium (32-bit)

表 7-2 为安装 CCW 软件对个人计算机的硬件配置要求。

表 7-2 电脑配置要求

文件	最低要求	建议配置
Processor	Pentium 3 or better	Pentium 4 or better
Speed	2.8 MHz	3.8GHz
RAM Memory	512MB	1.0GB
Hard Disk Space	3.0GB free	4.0GB free
Optical Drive	CD-ROM	CD-ROM
Pointing Device	Any Windows-compatible pointing device	Any Windows-compatible pointing device

184

7.1.2　软件安装

CCW 一体化编程组态软件为罗克韦尔自动化少有的一款全免费软件，可以直接到官网下载，也可以通过论坛的 CCW 一体化编程组态软件下载链接按提示下载。

1）软件下载之后，会自行安装　若没有自行安装，则到文件中选择安装图标（setup）双击，出现如图 7-1 所示的图标，选择安装的软件语言版本。

图 7-1　选择安装语言

2）有典型和自定义两个安装类型，选"典型"会自行选择标准的程序功能安装，选"自定义"则用户自己根据对功能进行增减后进行安装，如图 7-2 所示。

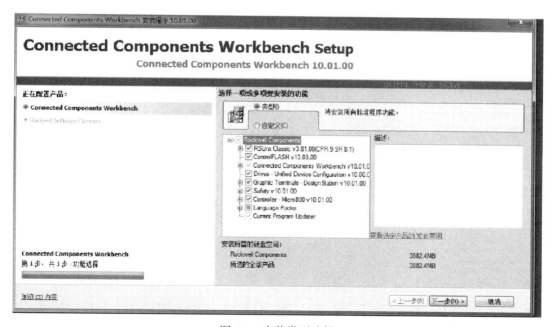

图 7-2　安装类型选择

3）填写用户名，单击"下一步"按钮，如图 7-3 所示。

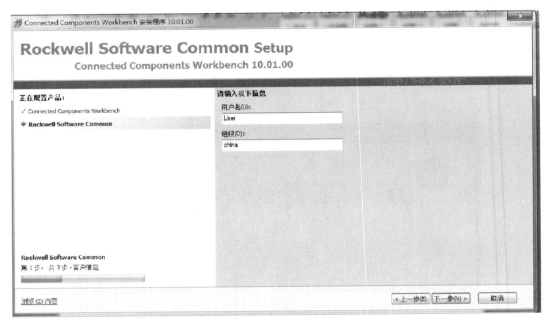

图 7-3　填写用户名

4）选择"我接受许可协议中的条款"，单击"下一步"按钮，如图 7-4 所示。

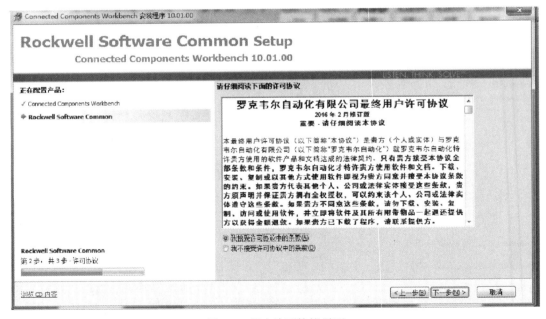

图 7-4　用户许可协议界面

5）选择软件安装路径，单击"安装"按钮。（注意：不得有中文路径）。如图 7-5 所示。

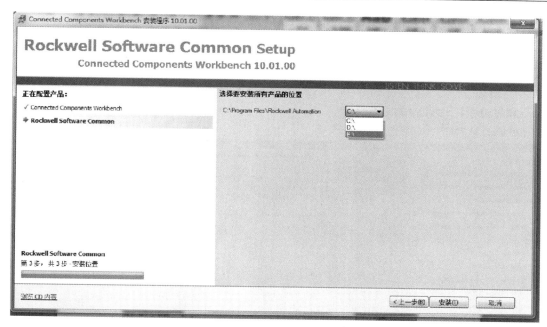

图 7-5 软件安装路径

安装过程全程显示你所选功能的安装过程，每个功能都会提醒你，需要用户进行简单的操作。如图 7-6 所示，安装完成界面如图 7-7 所示。

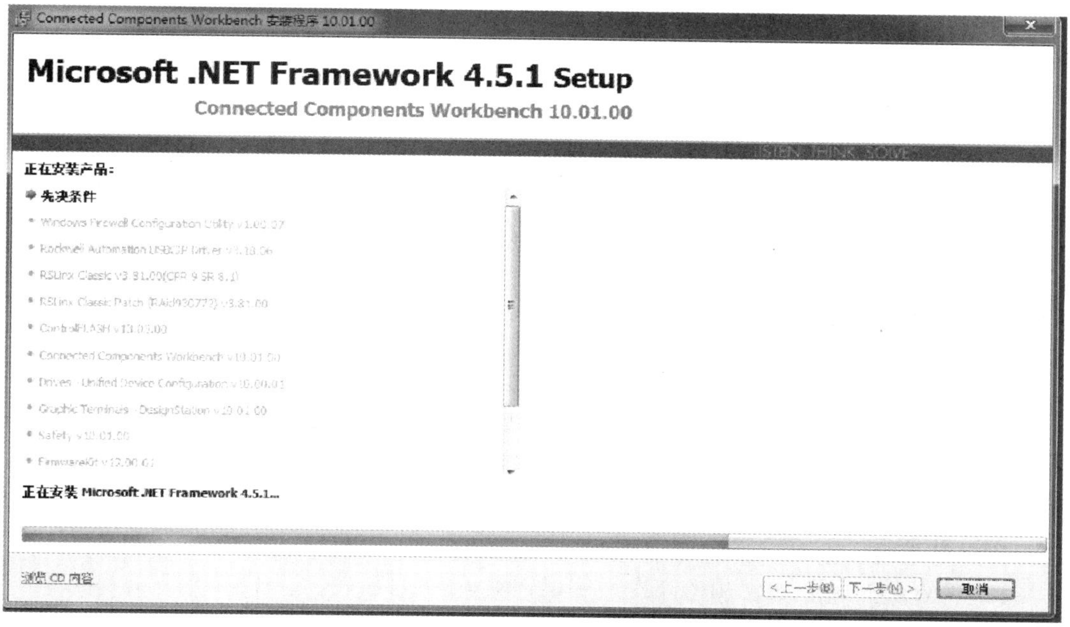

图 7-6 安装中界面

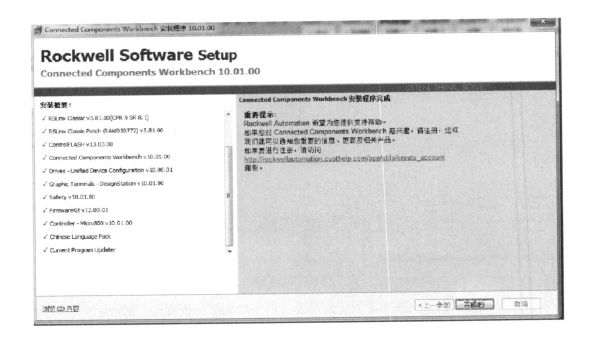

图 7-7　安装完成界面

注意: CCW 一体化编程组态软件初次安装未选的功能，可以在第二次安装时，选择后期进行安装!

7.2　软件调试

7.2.1　软件调试步骤

1. 建立梯形图语言程序设计的实验环境

单击桌面左下角的 Start>All Programs >Rockwell Automation >CCW> Connected Components Workbench，打开 CCW 软件。如果已经将该软件的图标放在桌面上，只需双击桌面上的 CCW 图标，即可打开 CCW 软件，如图 7-8 所示。

2. 创建新项目

单击 CCW 软件窗口左上角的文件，创建一个新的项目。

单击视图（V）>项目管理器，打开项目窗口，如图 7-9 所示。（如果该窗口已经打开，通常在左侧，则跳过此步）。

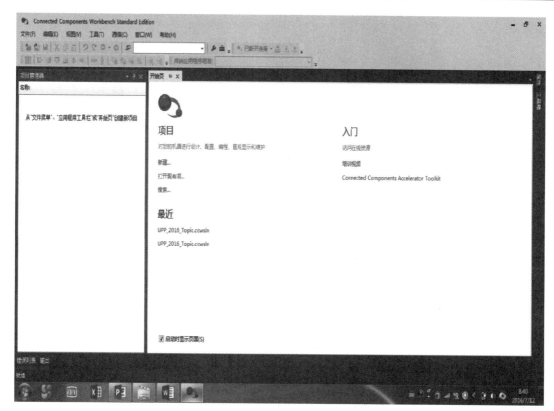

图 7-8　打开 CCW 的图形总貌

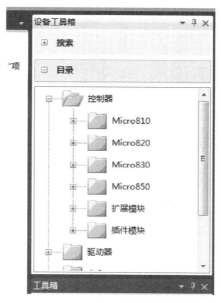

图 7-9　项目窗口

单击设备工具箱的控制器下的 Micro850，选择 2080-LC50-48QWB，如图 7-10 所示。

图 7-10　选择控制器

选中控制器，双击，出现如图 7-11 所示的窗口，选择最新版本，单击"确定"按钮。

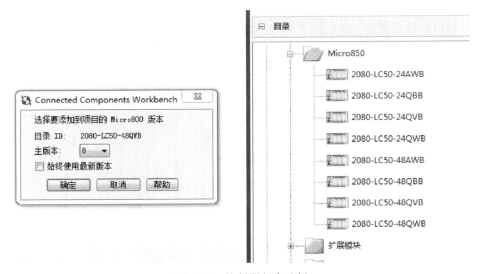

图 7-11　控制器版本选择

版本确定完毕后，出现如图 7-12 所示的界面，代表新的项目创建完成。

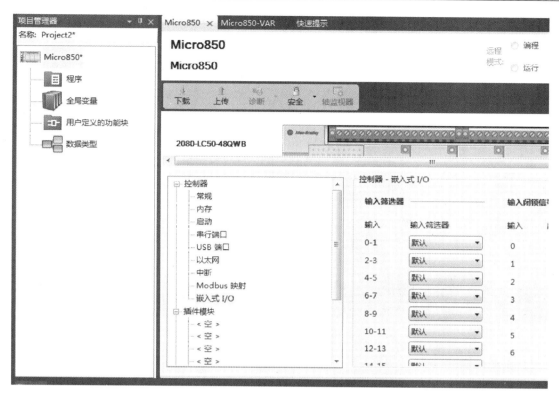

图 7-12　项目创建完成

3. 建立新的梯形图

右键单击程序，选择添加梯形图，如图7-13所示。新的梯形图创建完成，如图7-14所示。

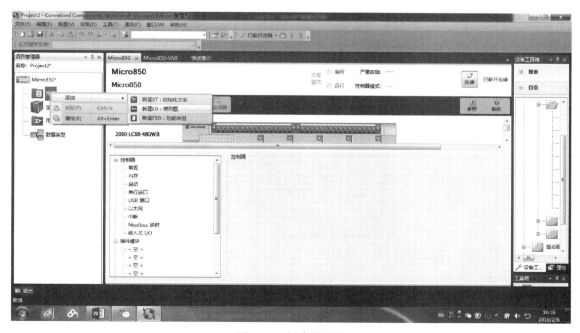

图 7-13　创建梯形图

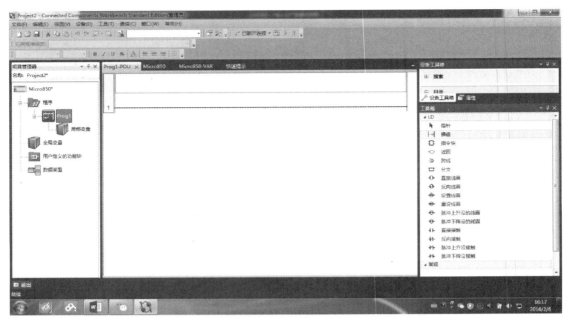

图 7-14　梯形图创建完成

4. 画梯形图

单击选择视图（V）>工具箱，从工具箱中找到合适的元件，用鼠标左键拖拽至梯级进行编程。

添加工具箱中的直接接触，添加后会弹出变量选择界面，先选择 I/O—Micro850，再选择输入口（_IO_EM_DI_00 到 _IO_EM_DI_03），如图 7-15 所示。

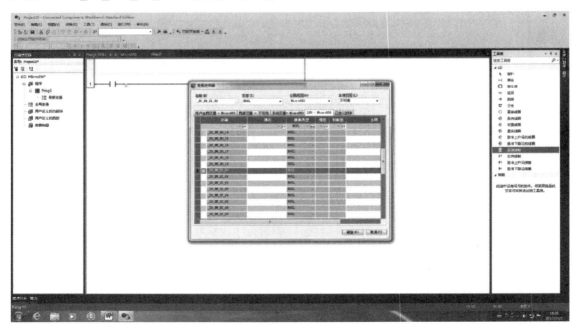

图 7-15　选择输入口

添加直接线圈，选择输出口（_IO_EM_DO_00 到 _IO_EM_DO_05），如图 7-16 所示。

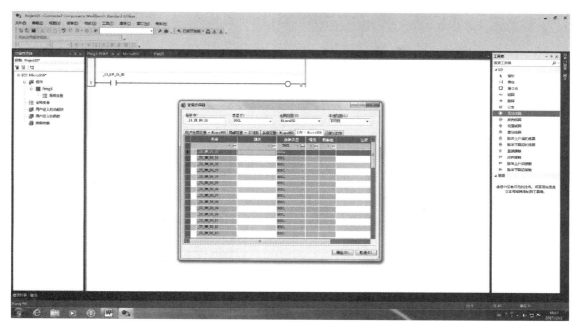

图 7-16　添加直线线圈

5. 下载程序

1）生成程序，在工程名上单击鼠标右键，选择"生成"选项，如图 7-17 所示。编译成功如图 7-18 所示。

图 7-17　工程生成

193

图 7-18　编译成功

2）单击下载按钮，如图 7-19 所示。

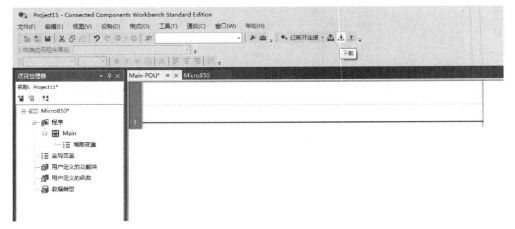

图 7-19　下载

3）选择连接浏览器，选择本机的 M850 所对应的 IP 地址，如图 7-20 所示。

图 7-20　选择 IP 地址

4）选好 IP 地址后单击"确定"按钮，进入如图 7-21 所示的对话框，单击"下载"按钮。

图 7-21　下载程序

5）下载后出现如图 7-22 所示的对话框，单击"否"按钮。

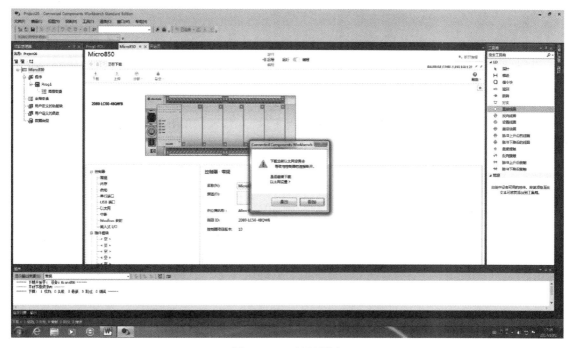

图 7-22　IP 地址更改

6）下载完成，出现如图 7-23 所示的对话框，选择"是"按钮将控制器更改为远程运行以执行控制项目，进入运行状态。

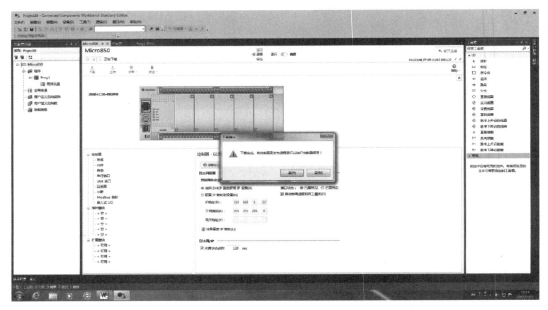

图 7-23　下载完成

6. 操作控制按钮，观察结果

7.2.2　流水灯实例

例：五盏灯每隔 0.5s 依次点亮，并在下一盏灯亮起时上一盏灯熄灭，依次循环。

1）创建一个新的 CCW（一体化编程组态软件）工程，命名为 Project11，如图 7-24 所示。

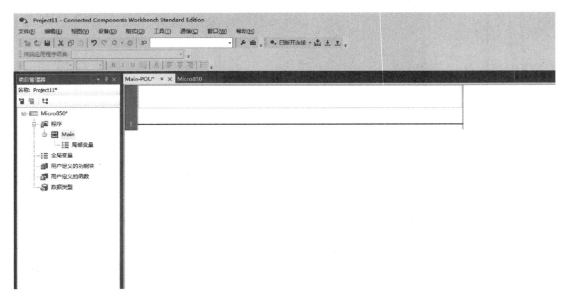

图 7-24　新建 Project11 工程

2）第一梯级需要一个初始化程序，其中需要一个上升沿接触和一个置位线圈。上升沿指令设置首次扫描位为触发信号，如图 7-25 所示。

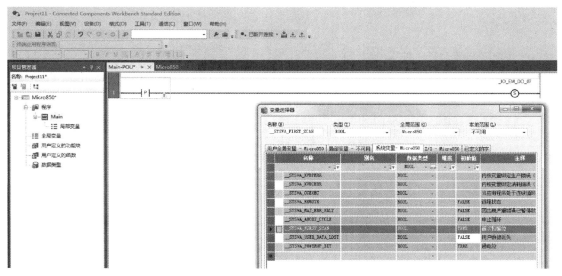

图 7-25　首次触发变量的选择

3）从变量选择器中选择第一盏灯的输出地址，如图 7-26 所示。

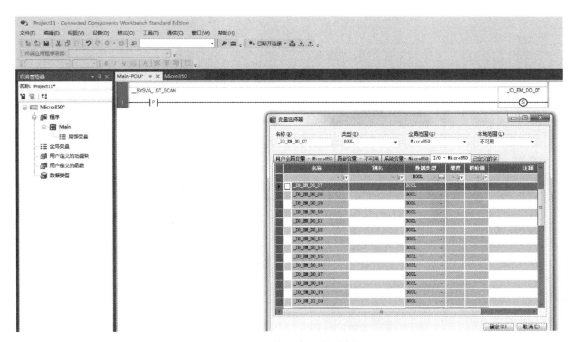

图 7-26　输出变量的选择

4）第二梯级需要一个直接接触、一个反向接触、一个块指令设置定时器，指令块的建立如图 7-27 所示。

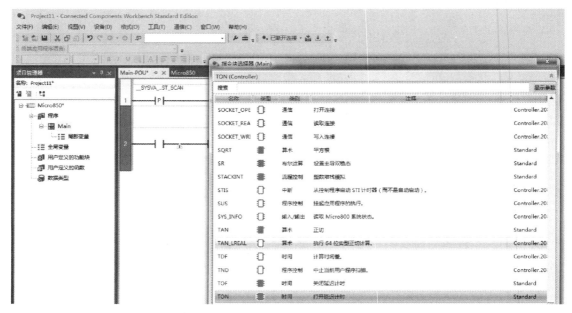

图 7-27　指令块的建立

5）设置定时器的时间参数，如图 7-28 所示。

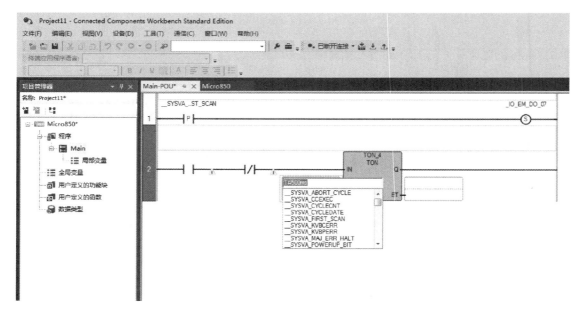

图 7-28　定时器时间参数设置

6）在设置好定时器的时间参数后，还需要一个置位线圈点亮下一盏灯和一个复位线圈来熄灭上一盏灯，如图 7-29 所示。

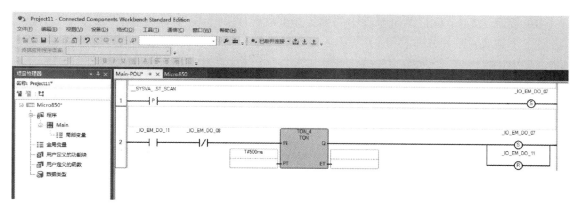

图 7-29　完成第二梯级的编程

7）重复 4~6 的步骤编写好所有程序，如图 7-30 所示。

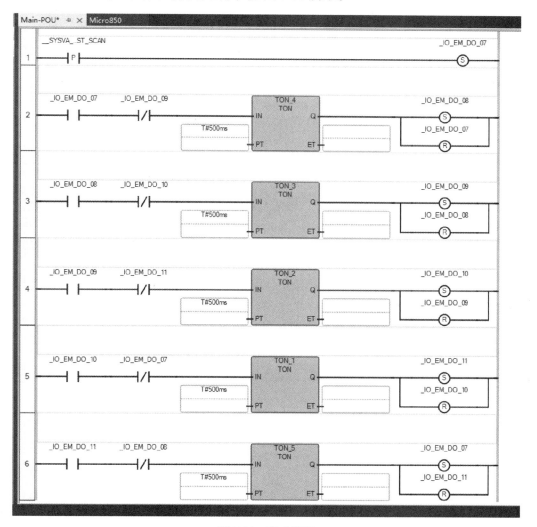

图 7-30　完成编程

8）按照 7.2.1 节软件调试步骤中的第 5 步下载程序。

9）下载成功后可用如图 7-31 所示的控制界面来控制程序的运行。

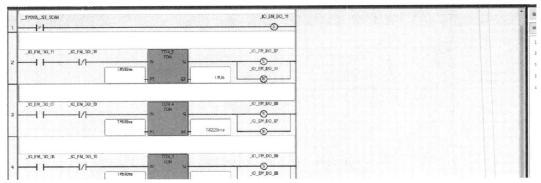

图 7-31   下载成功后的控制界面

7.3   FLASH 刷新 Micro850 硬件组件

1. 硬件要求

1）Micro850，2080-LC50-48QWB；

2）Micro850 Plug-In，2080-SERIALISOL；

3）标准的 USB 数据线。

2. 软件要求

1）Connected Components Workbench (CCW)，Release 1.4；

2）RSlinx，v2.57。

以下操作会演示如何通过控制器的 ControlFLASH 给其固件版本进行刷新。当安装好 CCW（一体化编程组态软件）的同时，ControlFLASH 也已经安装好了或者 Micro850 的固件版本已经更新到最新。

1）首先通过 RSLinx Classic 软件的 RSWho 检查并确认控制器 Micro850，通过 USB 与 RSLinx Classic 软件的通信正常，如图 7-32 所示。

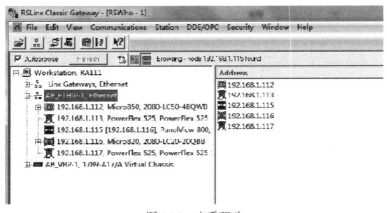

图 7-32   查看驱动

2）打开 ControlFLASH，单击"下一步"按钮，如图 7-33 所示。

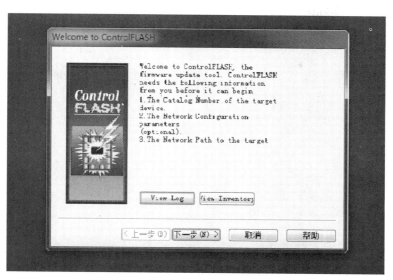

图 7-33　打开 ControlFLASH

3）选中要刷新的 Micro850 的产品目录号 2080-LC50-48QWB，如图 7-34 所示。

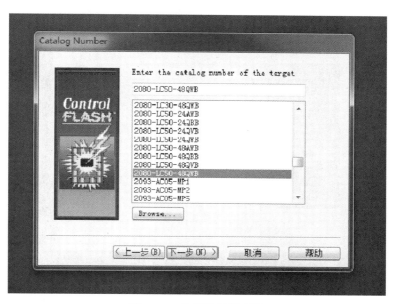

图 7-34　选择控制器型号

4）选中浏览窗口中的控制器，然后单击"OK"按钮，如图 7-35 所示。

图 7-35　选择控制器驱动

5）单击"下一步"按钮，确认版本，然后单击"下一步"按钮开始更新，如图 7-36 所示。

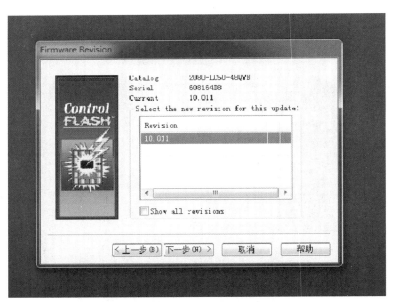

图 7-36　确定控制器版本

6）然后会出现下载过程的显示界面，如图 7-37 所示。

7）当出现如图 7-38 所示的错误信息提示时，请检查控制器是否出错或者钥匙开关是否设置在运行模式。如果是这样，清除错误或者切换程序模式，单击"OK"按钮再试一次。

8）当 flash 刷新完成，在屏幕上会看到一个状态显示界面，如图 7-39 所示，单击"OK"按钮完成。

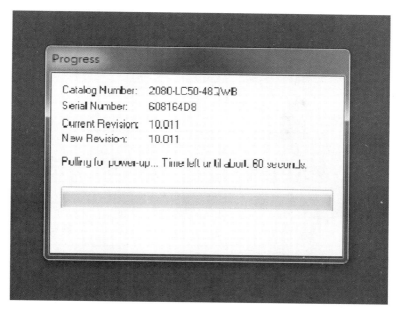

图 7-37　下载固件

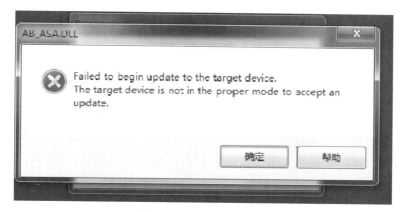

图 7-38　下载固件失败

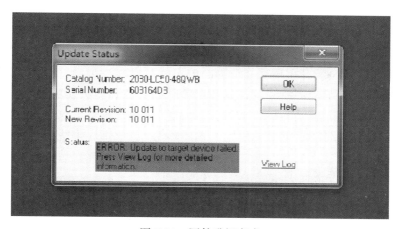

图 7-39　固件升级完成

第 8 章

PowerFlex525 变频器的集成

8.1　PowerFlex525 交流变频器

PowerFlex 525 是罗克韦尔公司新一代交流变频器产品。它将各种电动机控制选项、通信、节能和标准安全特性组合在一个高性价比变频器中，适用于从单机到简单系统集成的多种系统的各类应用。它设计新颖，功能丰富，具有以下特性：

1）额定功率值涵盖 0kW、4kW、22kW/0~30Hp（380V/480V 时）；满足全球各地不同的电压等级（100V、600V）。

2）模块化设计采用创新的可拆卸控制模块，允许安装和配置同步完成，显著提高了生产率。

3）EtherNet/IP 嵌入式端口支持无缝集成到 Logix 环境和 EtherNet/IP 网络。

4）选配的双端口 EtherNet/IP 卡提供更多的连接选项，包括设备级环网（DLR) 功能。

5）使用简明直观的软件简化编程，借助标准 USB 接口加快变频器配置速度。

6）动态 LCD 人机接口模块（I-IMD 支持多国语言，并提供描述性 QuickViewTM 滚动文本功能。

7）提供针对具体应用（例如传送带、搅拌机、泵机、风机等应用项目）的参数组，使用 AppViewTM 工具更快地起动、运行变频器。

8）使用 CustomViewTM 工具定义自己的参数组。

9）通过节能模式、能源监视功能和永磁电动机控制以降低能源成本。

10）使用嵌入式安全断开扭矩功能帮助保护人员安全。

11）可承受高达 50℃的环境温度；具备电流降额特性和控制模块风扇套件，工作温度最高可达 70℃。

12）电动机控制范围广，包括压频比、无传感器矢量控制、闭环速度矢量控制和永磁电动机控制。

13）在同等功率条件下提供非常紧凑的外形尺寸。

8.2　PowerFlex 525 交流变频器的选型

PowerFlex 525 产品选型见表 8-1，产品目录号说明如图 8-1 所示。

表 8-1　PowerFlex 525 产品选型表

输入电压	变频器额定值					PowerFlex525	
	标准负载（ND）		重载（HD）		输出电流	目录号	框架尺寸
	HP	kW	HP	kW			
50/60Hz 100~120V 无滤波器	0.5	0.4	0.5	0.4	2.5A	25B-V2P5N104	A
	1	0.75	1	0.75	4.8A	25B-V4P8N104	B
	1.5	1.1	1.5	1.1	6.0A	25B-V6P0N104	B
200~240V 无滤波器	0.5	0.4	0.5	0.4	2.5A	25B-A2P5N104	A
	1	0.75	1	0.75	4.8A	25B-A4P8N104	A
	2	1.5	2	1.5	8.0A	25B-A8P0N104	B
	3	2.2	3	2.2	11.0A	25B-A011N104	B
200~240V EMC 滤波器	0.5	0.4	0.5	0.4	2.5A	25B-A2P5N114	A
	1	0.75	1	0.75	4.8A	25B-A4P8N114	A
	2	1.5	2	1.5	8.0A	25B-A8P0N114	B
	3	2.2	3	2.2	11.0A	25B-B011N114	B
200~240V 无滤波器	0.5	0.4	0.5	0.4	2.5A	25B-B2P5N104	A
	1	0.75	1	0.75	5.0A	25B-B5P0N104	A
	2	1.5	2	1.5	8.0A	25B-B8P0N104	A
	3	2.2	3	2.2	11.0A	25B-B011N104	A
	5	4	5	4	17.5A	25B-B017N104	B
	7.5	5.5	7.5	5.5	24.0A	25B-B024N104	C
	10	7.5	10	7.5	32.2A	25B-B032N104	D
	15	11	15	11	48.3A	25B-B048N104	E
	20	15	15	11	62.1A	25B-B062N104	E
380~480V 无滤波器	0.5	0.4	0.5	0.4	1.4A	25B-D1P4N104	A
	1	0.75	1	0.75	2.3A	25B-D2P3N104	A
	2	1.5	2	1.5	4.0A	25B-D4P0N104	A
	3	2.2	3	2.2	6.0A	25B-D6P0N104	A
	5	4	5	4	10.5A	25B-D010N104	B
	7.5	5.5	7.5	5.5	13.0A	25B-D013N104	C
	10	7.5	10	7.5	17.0A	25B-D017N104	C
	15	11	15	11	24A	25B-D024N104	D
	20	15	15	11	30A	25B-D030N104	D
	25	18.5	20	15	37A	25B-D037N114*	E
	30	22	25	18.5	43A	25B-D043N114*	E

（续）

变频器额定值					PowerFlex525	
输入电压	标准负载（ND）		重载（HD）		输出电流	目录号	框架尺寸
	HP	kW	HP	kW			
	0.5	0.4	0.5	0.4	1.4A	25B-D1P4N114	A
	1	0.75	1	0.75	2.3A	25B-D2P3N114	A
	2	1.5	2	1.5	4.0A	25B-D4P0N14	A
	3	2.2	3	2.2	6.0A	25B-D6P0N114	A
380~480V EMC 滤波器	5	4	5	4	10.5A	25B-D010N114	B
	7.5	5.5	7.5	5.5	13.0A	25B-D013N114	C
	10	7.5	10	7.5	17.0A	25B-D017N114	C
	15	11	15	11	24A	25B-D014N114	D
	20	15	15	11	30A	25B-D030N114	D
	25	18.5	20	15	37A	25B-D037N114	E
	30	22	25	18.5	43A	25B-D043N114	E
	0.5	0.4	0.5	0.4	0.9A	25B-E0P9N104	A
	1	0.75	1	0.75	1.7A	25B-E1P7N104	A
	2	1.5	2	1.5	3.0A	25B-E3P0N104	A
	3	2.2	3	2.2	4.2A	25B-E4P2N104	A
	5	4	5	4	6.6A	25B-E6P6N104	B
525~600V 无滤波器	7.5	5.5	7.5	5.5	9.9A	25B-E9P9N104	C
	10	7.5	10	7.5	12.0A	25B-E012N104	C
	15	11	15	11	19.0A	25B-E019N104	D
	20	15	15	11	22.0A	25B-E022N104	D
	25	18.5	20	15	27.0A	25B-E027N104	E
	30	22	25	18.5	32.0A	25B-E032N104	E

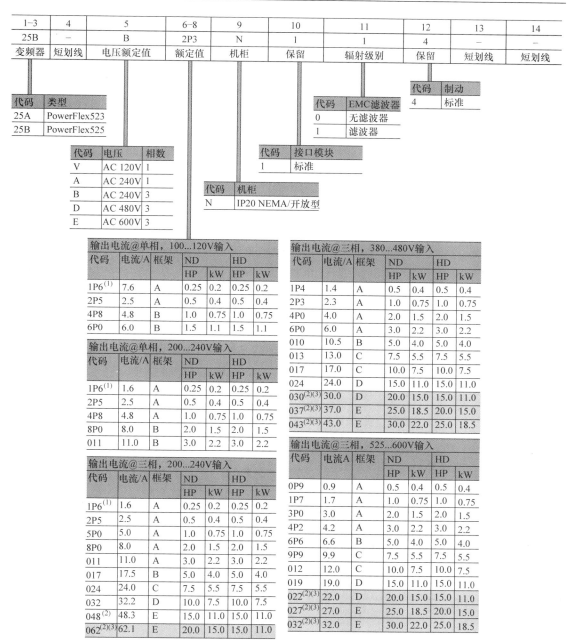

图 8-1　PowerFlex 525 产品目录号说明

8.3　PowerFlex I/O 端子接线

PowerFlex 525 变频器的控制端子接线方式如图 8-2 所示，各端子说明见表 8-2。

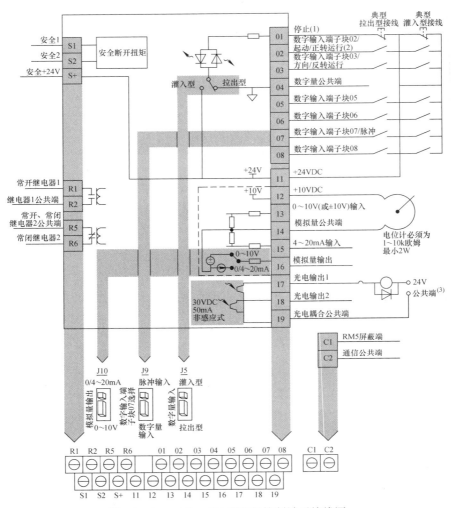

图 8-2　PowerFlex 525 变频器控制端子接线图

表 8-2　PowerFlex 525 变频器控制 I/O 端子

序号	信号名称	默认值	说明	相关参数
R1	常开继电器 1	故障	输出继电器的常开触点	T076
R2	常开继电器 1 公共端	故障	输出继电器的公共端	
R5	常开继电器 2 公共端	电动机运行	输出继电器的公共端	T081
R6	常闭继电器 2	电动机运行	输出继电器的常闭触点	
01	停止	滑坡停止	三线停止，但是当它作为所有输入的停止模式时，不能被禁用	P045

（续）

序号	信号名称	默认值	说明	相关参数
02	起动 / 正转	正向运行	用于启动 motion，也可作为一个可编程的数字输入。它可以通过编程脚 T062 作为三线（开始 / 停止方向）或两线（正向运行 / 反向运行）的控制。电流消耗 6mA	P045、P046
03	方向 / 反转	反向运行	用于启动 motion，也可作为一个可编程的数字输入。它可以通过编程脚 T0 63 作为三线（开始 / 停止方向）或两线（正向运行 / 反向运行）的控制；电流消耗为 6mA	T063
04	数字量公共端		返回数字 I/O，与驱动器的其他部分电气隔离（包括数字 I/O）	
05	DigIn TermBIk 05	预存频率	编程 T065，电流消耗为 6mA	t065
06	DigIn TermBIk 06	预存频率	编程 T066，电流消耗为 6mA	t066
07	DigIn TermBIk 07/ 脉冲输入	启动源 2 + 速度参考 2	编程 T067，作为参考输入或速度反馈的一个脉冲序列，它的最大频率为 100Hz，电流消耗为 6mA	t067
08	DigIn TermBIk 08	正向点动	编程 T068、电流消耗为 6mA	t068
Cl	Cl		此端子连接到屏蔽的 RJ-45 端口。当使用外部通信时，减少噪声干扰	
C2	C2		这是通信信号的信号公共端	
S1	安全 1	安全 1	安全输入 1，电流消耗为 6mA	
S2	安全 2	安全 2	安全输入 2，电流消耗为 6mA	
S+	安全 + 24V	安全的 24V	+ 24 电源的安全端口，内部连接到 DC + 24V 端（引脚 11）	
11	DC + 24V		参考数字 common 端，变频器电源的数字输入，最大输出电流 100mA	
12	DC + 10V		参考模拟 common 端，变频器电源外接电位器 0~10V，最大输出电流 15mA	P047、P049

（续）

序号	信号名称	默认值	说明	相关参数
13	± 10V 输入	未激活	对于外部 0~10V（单极性）或正负 10（双极性）的输入电源或电位器。电压源的输入阻抗为 100kΩ，允许的电位器阻值范围为 10kΩ	P047、P049 t062、t063 t065、t066 t093、A459 A471
14	模拟量公共端		返回的模拟 I/O，从驱动器的其余部分隔离出来的电气（连同模拟 I/O）	
15	4~20mA 输入	未激活	外部输入电源 4~20mA，输入阻抗 250Ω	P047、P049 t062、t063 t065、t066 A459、A471
16	模拟量输出	输入频率 0~10Hz	默认的模拟输出为 0~10V，通过更改输出跳线改变模拟输出电流 0~20mA 编程 T088，最大模拟值可以缩放 T089。最大载重 4~20mA=525Ω（10.5 V）0~10V = 1kΩ（10 毫安电阻）	T088、T089
17	光电耦合输出 1	电动机运行	编程 T069，每个光电输出额定电压为 30V 直流为 50mA（非感性）	T069、T070
18	光电耦合输出 2	频率	编程 T072，每个光电输出额定电压为 30V 直流为 50mA（非感性）	T072、T073 T075
19	光电耦合公共端		光耦输出（1 和 2）的发射端连接到光耦的公共端	

在电动机起动前，用户必须检查控制端子接线。

1）检查并确认所有输入都连接到正确的端子且很安全。

2）检查并确认所有的数字量控制电源都是 DC 24V。

3）检查并确认灌入 (SNK) / 拉出 (SRC) DIP 开关被设置与用户控制接线方式相匹配。

注意：默认状态 DIP 开关为拉出 (SRC) 状态。I/O 端子 01（停止）和 11 (DC + 24V)短接以允许从键盘起动。如果控制接线方式改为灌入（SNK），则该短接线必须从 I/O 端子 01 和 11 间去掉，并安装到 I/O 端子的 01 和 04 之间。

8.4　PowerFlex 525 集成式键盘操作

PowerFlex 525 集成式键盘的外观如图 8-3 所示，各指示灯和按键说明见表 8-3 和表 8-4。

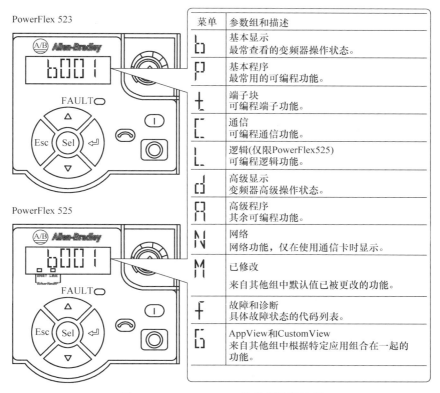

菜单	参数组和描述
b	基本显示 最常查看的变频器操作状态。
P	基本程序 最常用的可编程功能。
t	端子块 可编程端子功能。
C	通信 可编程通信功能。
L	逻辑(仅限PowerFlex525) 可编程逻辑功能。
d	高级显示 变频器高级操作状态。
A	高级程序 其余可编程功能。
N	网络 网络功能，仅在使用通信卡时显示。
M	已修改 来自其他组中默认值已被更改的功能。
f	故障和诊断 具体故障状态的代码列表。
G	AppView和CustomView 来自其他组中根据特定应用组合在一起的功能。

图 8-3　PowerFlex 525 集成式键盘外观

表 8-3　各指示灯说明

显示	显示状态	说明
ENET	不亮	设备无网络连接
	稳定	设备已连接上网络并且驱动由以太网控制
	闪烁	设备已连接上网络但是以太网没有控制驱动
LINK	不亮	设备没连接到网络
	稳定	设备已连接上网络但是没有信息传递
	闪烁	设备已连接上网络并且正在进行信息传递
FAULT	红色闪烁	表明驱动出现故障

表 8-4 各按键说明

按键	名称	说明
 △ ▽	上下箭头	在组内和参数中滚动，用于增加／减少闪烁的数字值
 Esc	退出	在编程菜单中后退一步，取消参数值的改变并退出编程模式
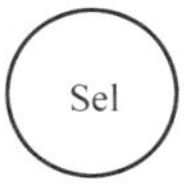 Sel	选定	在编程菜单中进一步，在查看参数值时，可选择参数数字
 ⏎	进入	在编程菜单中进一步，保存改变后的参数值
 ⌢	反转	用于反转变频器方向，默认值为激活
 ▯	起动	用于起动变频器，默认值为激活
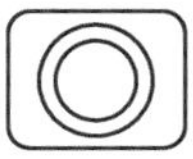 ▣	停止	用于停止变频器或清除故障，该键一直激活
 ⟳	电位计	用于控制变频器的转速，默认值为激活

熟悉了集成式键盘各部分含义后，下面了解如何查看和编辑变频器的参数，见表 8-5。

表 8-5 查看和编辑变频器参数

	按键	显示实例
1）当上电时，上一个用户选择的基本显示组参数号以闪烁的字符简单地显示出来。然后，默认显示该参数的当前值（例如：变频器停止时显示 b001[输出频率] 的值）		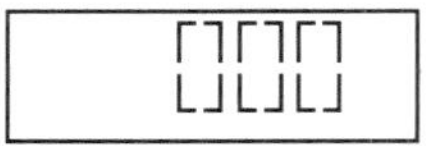 「「「「
2）按下 Esc 按键，显示上电时的基本显示组的参数号，并且该参数号将会闪烁	 Esc	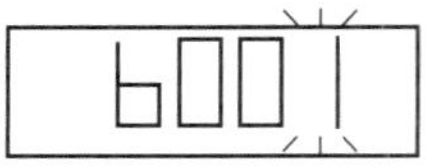 b001

（续）

	按键	显示实例
3）按下 Esc 按键，进入参数组列表，参数组字母将会闪烁	Esc	b001
4）按向上或向下按键，去浏览组列表（b、P、t、C、L、d、A、f 和 Gx)	△ or ▽	P031
5）按进入或 Sel 按键进入一个组，上一次浏览的该组参数的右端数字将闪烁	↵ or Sel	P031
6）按向上或向下按键浏览参数列表	△ or ▽	P031
7）按进入键查看参数值，或者按 Esc 按键返回到参数列表	↵	230
8）按进入或 Sel 按键进入编辑模式编辑该值。右端数字将闪烁，并且在 LCD 显示屏上将亮起 Program	↵ or Sel	230
9）按向上或向下按键，改变参数值	△ or ▽	229
10）如果需要，按 Sel 按键，从一个数字到另一个数字或者从一位到另一位，你可以改变的数字或位将会闪烁	Sel	229
11）按 Esc 按键，取消更改并且退出编辑模式；或者，按进入按键保存更改并退出编辑模式，该数字将停止闪烁，并且在显示屏上的 Program 将关闭	Esc or ↵	230 229
12）按 Esc 按键返回到参数列表，继续按 Esc 按键返回到编辑菜单，如果按 Esc 按键不改变显示，那么 b001[输出频率] 会显示出来，按进入或 Sel 按键再次进入组列表	Esc	P031

8.5 以太网通信的实现

PowerFlex 525 变频器提供了 EtherNet/IP 端口，可以支持以太网络控制结构。本文以 Micro850 控制器为例介绍控制器与 PowerFlex 525 变频器的以太网通信。

Micro850 控制器要通过 EtherNet/IP 控制 PowerFlex 525 变频器，首先要对 PowerFlex 525 变频器组建以太网络。具体步骤如下：

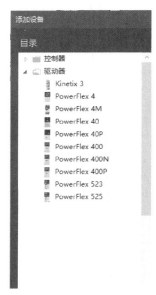

1）PowerFlex 525 变频器提供了一个与计算机连接的 USB 端口，用于更新驱动固件或上传/下载配置参数，因此先将变频器 USB 端口及计算机串口通过 USB 线连接。连接成功后计算机出现可移动磁盘（I：），双击进入会发现磁盘内有"GUIDE．PDF"和"PF52XUSB．EXE"两个文件。其中"GUIDE.PDF"文件包含相关产品文档及软件下载链接，"PF52XUSB.EXE"用于固件刷新或上传/下载组态参数。

2）打开 Connected Components Workbench（简称 CCW）软件，如图 8-4 所示，在"驱动器"中选择"PowerFlex 525"进行组态，双击组态图标即进入如图 8-5 所示的界面，在该界面可对变频器进行参数设置、连接、下载等一系列操作。

图 8-4 CCW 中组态变频器

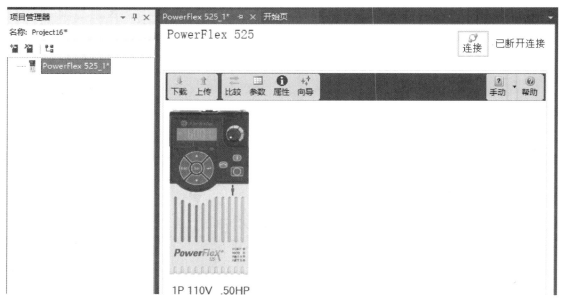

图 8-5 变频器组态界面

3）单击"Wizards"（向导）选项会弹出如图 8-6 所示的对话框，双击"PowerFlex525 启动向导"即可进入如图 8-7 所示的界面。在启动向导界面中按照其向导步骤可对变频器进行各种参数设置，参数设置要符合实际要求。

图 8-6　选择启动向导

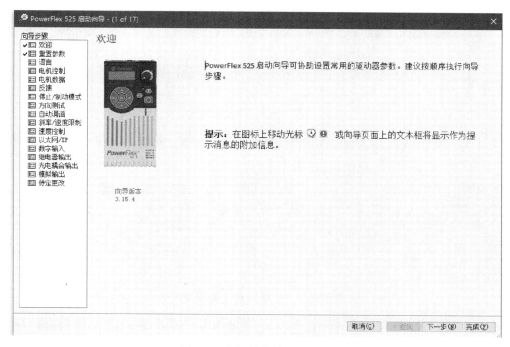

图 8-7　变频器参数设置界面

4）如图 8-8 所示，在 "EtherNet/IP" 选项中可对变频器设置 IP 地址，将 "BootP/DHCP 启用"设为"参数"，并设置变频器 IP 地址，注意，要将变频器 IP 地址与 Micro850 控制器 IP 地址设在同一网段。

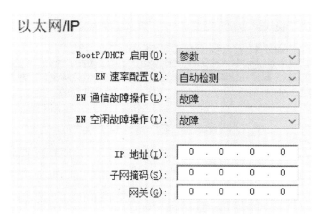

图 8-8　设置变频器 IP 地址

5）按照向导步骤将各参数设置完成后，单击"Finish"按键结束，通过"Properties —Import/Export — Export"将文件保存在创建的文件夹内并命名如"PowerFlex"，注意保存类型为"PowerFlex 520 Series USB Files（＊·pf5）

6）双击打开 I 盘中的"PF52XU"文件，单击"Download"后，如图 8-9 所示，依次设定文件位置及选择文件，单击"Next"，最后单击"Download"即可。

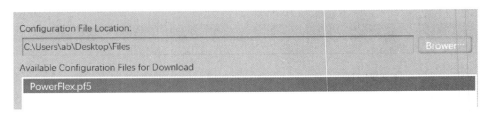

图 8-9　选择文件存储位置

7）下载完成后可打开 RSlinx Classic，如图 8-10 所示，此时会发现变频器地址已设置完成。

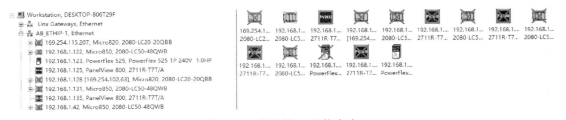

图 8-10　变频器 IP 下载成功

完成以上步骤后，将 Micro850 控制器 IP 地址与变频器 IP 地址设为同一网段，通过以太网线将 Micro850 控制器与 PowerFlex525 变频器连接起来，然后通过编写的控制程序达到控制目的。注意，当通过 USB 线为变频器下载 IP 地址后，如果再对变频器进行参数配置或更改 IP 地址均可以直接利用以太网下载，即可按照向导进行参数设置，设置完成后单击"Download"会弹出如图 8-11 所示的界面，选择 PowerFlex 525 变频器后即可下载。

图 8-11　通过以太网为变频器下载参数

为了便于实现 PowerFlex 525 的以太网网络通信，罗克韦尔自动化提供了一个标准化的用户自定义功能块指令，如图 8-12 所示，用户可以简单地实现 Micr0850 控制器对 PowerFlex 525 变频器的以太网控制，功能块的参数见表 8-6。

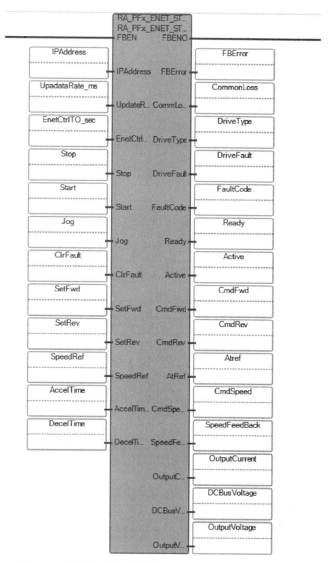

图 8-12　用户自定义功能块 RA_PFx_ENET_STS_CMD

表 8-6　自定义功能块的参数

参数名称	数据类型	作用
IPAddress	STRING	要控制的 PowerFlex 525 变频器的 IP 地址，例如 192.168.1.103
UpdateRate	UDINT	循环触发时间，为 0 则表示默认值 500ms
Stop	BOOL	1 为停止
Start	BOOL	1 为开始
SetFwd	BOOL	1 为正转
SetRev	BOOL	1 为反转
SpeedRef	REAL	速度参考值，单位为 Hz
CmdFwd	BOOL	1 为当前方向为正转
CmdRev	BOOL	1 为当前方向为反转
AccelTime	REAL	加速时间，单位为 s
DecelTime	REAL	减速时间，单位为 s

（续）

参数名称	数据类型	作用
Ready	BOOL	PowerFlex 525 已经就绪
Active	UDINT	PowerFlex 525 已经被激活
FBError	BOOL	PowerFlex 525 出错
FaultCode	DINT	PowerFlex 525 错误代码
Speed FeedBack	REAL	反馈速度

在梯级中添加该功能块，如图 8-13 所示。通过该指令块就能实现 Micro850 控制器对 PowerFlex 525 变频器的控制。

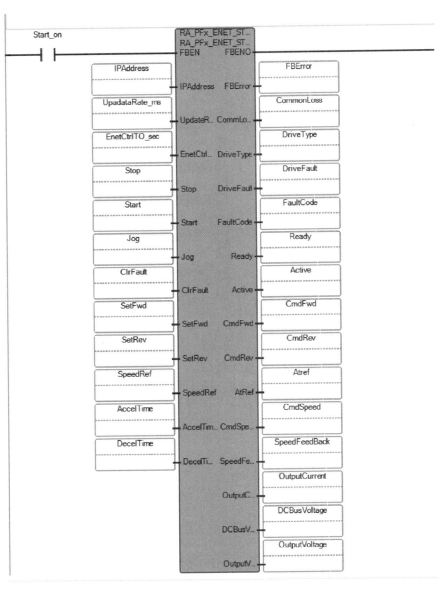

图 8-13　使用自定义功能块 RA_PFx_ENET_STS_CMD

8.6　PowerFlex 525 程序实例

1. 应用示例要求

本节以变频器控制电动机正反转为例介绍 Micro850 控制器、PowerFlex525 变频器之间的网络通信。控制面板如图 8-14 所示，在按下运行按钮时，电动机正转；按下停止按钮时，电动机停止；按下反转按钮时，电动机反转；按下正转按钮时，电动机正转。且在对应状态时，对应状态的灯保持常亮，直到状态改变。

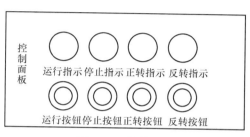

图 8-14　控制面板

2. 系统组态与编程

1）按照 8.2 节所述对变频器进行组态设置，首先根据所用电动机铭牌数据将电动机额定电压、额定电流、极对数等一系列参数进行设置，其次由于题目要求要将变频器最大频率设置为 50Hz，加减速时间设置为 3s，最后对变频器 IP 地址进行设置（如：设置为192.168.1.106），设置完成后下载即可。

2）将 Micro850 控制器的 IP 地址设为与变频器在同一网段中，可按图 8-15 所示进行设置。操作完成后即可编写程序，控制程序如图 8-16 和图 8-17 所示。

图 8-15　Micro850 设置 IP 地址

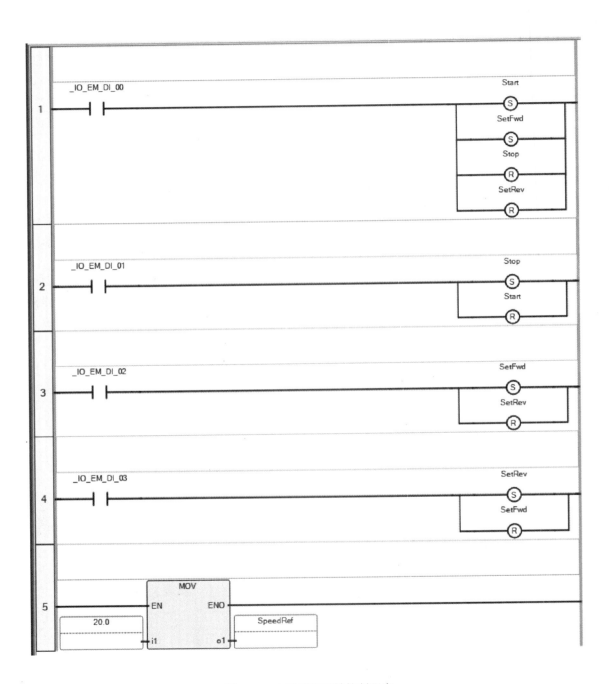

图 8-16　电动机正反转控制程序

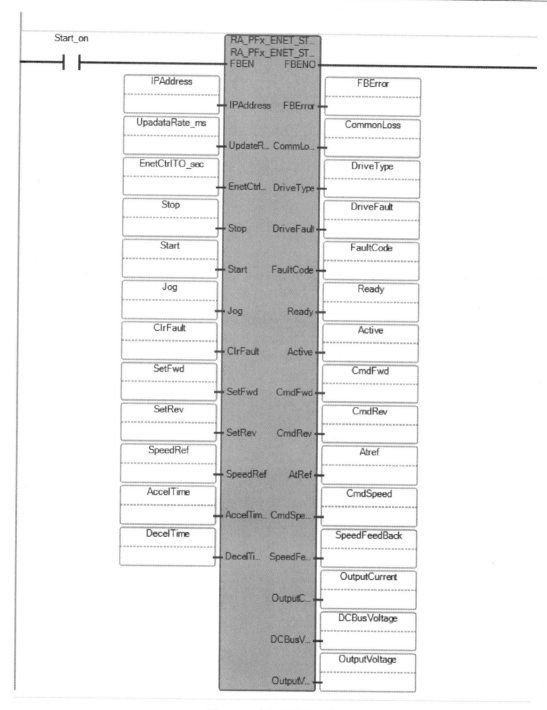

图 8-17　变频器模块程序

第 **9** 章

工业触摸屏

9.1 PanelView 800 触摸屏

PanelView Component 人机界面解决方案的特点主要体现在它的设计与开发环境上。

1）直接通过浏览器 Microsoft Internet Explorer 连线。

2）无需在计算机上安装其他软件，在 CCW 软件中可以对触摸屏进行设计和开发。

3）特别方便工程师进行现场诊断或修改，主要体现在：

① 所建即时显示。

② 在设计或组态时自动地配合 PanelView 固件。

③ 不会再有软件不匹配的情况出现。

④ 无需再有升级软件的烦恼。

PanelView 800 的结构如图 9-1 所示，它的端口说明见表 9-1。

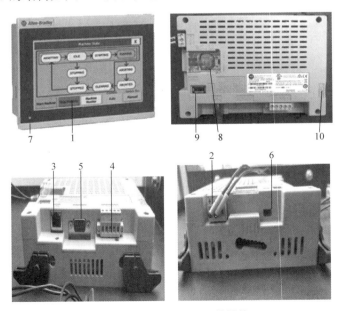

图 9-1　PanelView 800 的结构

表 9-1　PanelView 800 端口说明

序号	描述	序号	描述
1	触摸显示屏	6	USB 设备端口
2	DC 24V 电源输入	7	状态诊断 LED 指示灯
3	以太网端口	8	可更换式实时时钟电池
4	RS422 或 RS485 端口	9	USB 主机端口
5	RS232 串口	10	SD 卡插槽

9.2　PanelView 800 的 IP 地址设置

1）本项目中计算机与终端设备采用以太网通信，在触摸屏开机时首先进行一系列的自检后显示初始界面，PVC 800 自检过程如图 9-2 所示。

2）进入组态界面，此时根据需要选择适合的语言，如图 9-3 所示。

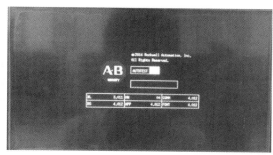

图 9-2　PanelView 800 自检过程

图 9-3　组态界面

3）单击"通信"选项。如果 DHCP 使能，PanelView 通信可自动获取 IP 地址，如图 9-4 所示。如果 DHCP 禁用，必须手动设置 IP 地址。下面介绍如何手动设置 IP 地址，单击"设定固定 IP 地址"选项设置 PVC 800 的 IP 地址，如图 9-5 所示，设置完成的静态 IP 如图 9-6 所示。注意保证与计算机的 IP 地址在同一网段内。

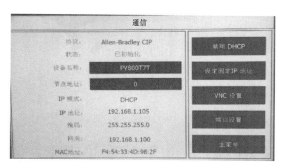

图 9-4　自动获取 IP 地址

图 9-5　设置静态 IP 地址

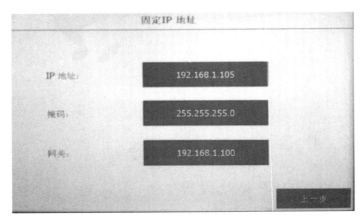

图 9-6　设置完成的静态 IP 地址

在设置界面中单击右上角的"　　　　"，进入设置连接路径选项，选择"浏览"进入连接浏览器界面。选择与 PanelView 800 一致的 IP 地址，如图 9-7 所示。至此就完成了 PanelView 800 与计算机的连接。

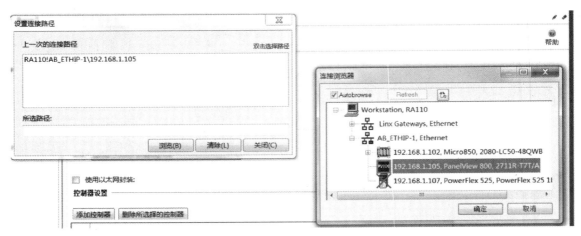

图 9-7　选择 IP 地址

9.3　创建应用项目

单击"创建 & 编辑"选项，进入界面编辑窗口。

9.3.1　设置选项

单击"设置"选项，该选项的设置将对该项目中的所有界面都产生作用。属于全局设置。它包括两个部分，一部分是开发阶段界面设置；另一部分是运行阶段界面设置，如图 9-8 所示。

进阶

运行时间

只有在选中该设置时，在终端上初次装载该应用程序时才应用"显示和输入设备"下的设置。

☐ 初次装载时设置终端

显示

☐ 亮度：　　　　　　　　100 ⬍

☐ 屏幕保护程序超时：　　600 ⬍

☐ 屏幕保护程序模式：　　　启用屏幕保护程序和亮度调节器 ⬍

输入设备

☐ 按键重复速率　　　　　0 ⬍

☐ 按键重复延时：　　　　375 ⬍

USB/Ethernet

图 9-8　运行阶段界面设置

9.3.2　通信设置

PVC 800 提供了多种通信端口，可以通过 CIP（Common Industrial Protocol，通用工业协议）、DFI 协议和 DH-485 协议进行通信。

首先介绍如何使 PanelView Component Terminal 与 Micro850 控制器通过以太网建立通信连接的步骤如下：

1）单击"通信"选项打开通信组态窗口。

2）选择"协议"下的以太网，在以太网的下拉框中包括很多厂家定义的以太网通信协议，在此选择"Allen-Bradley CIP"，如图 9-9 所示。

3）在"控制器设置"选项中进行下面 3 个操作：接受默认的控制器名称或者手动输入控制器名称（PLC-1）；选择控制器类型为 Micro800；输入控制器的 IP 地址，如图 9-10 所示。

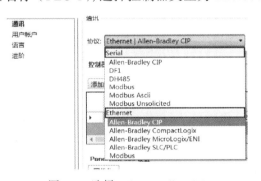

图 9-9　选择 Allen-Bradley CIP

图 9-10　控制器设置

9.3.3　创建标签

在 PVC 800 的编程过程中，标签起到了"纽带"的关键作用。它使 PVC 800 中的变量和控制器的数据地址一一对应，这样通过 PVC 800 可以对 PLC 的数据地址进行监控。

PVC 800 中有很多种标签，最主要的是写标签和读标签。写标签就是将 PVC 800 相应变量的值写到控制器中，因此，与按钮、数据输入控件对应的标签大多为写标签。读标签就是将控制器相应数据地址的值读到 PVC 800 的相应变量中，以完成数据的显示，因此，与图形显示、数据显示控件对应的标签大多为读标签。指示器标签的用法与瞬动按钮很相似。当指示器标签与写标签地址相同时，按下按钮，按钮的状态改变值会通过指示器标签直接表示出来；当指示器标签与写标签地址不同时，按下按钮，按钮的状态改变值要从指示器标签的地址中读取。

PVC 800 的变量按照功能可分为外部变量、内存变量、系统变量和全局连接。外部变量和内存变量的数据来源不同，外部变量的数据是由外部设备提供的，如 PLC 或其他设备，内存变量的数据是由 PVC 800 提供的，与外部设备无关。系统变量是 PVC 800 提供的一些预定义的中间变量。每个系统变量均有明确的意义，可以提供现成的功能，系统变量由 PVC 800 自动创建，组态人员不能创建系统变量，但可使用由 PVC 800 创建的系统变量，系统变量以"$"开头，用来区别于其他变量。

单击"标签"选项，进入创建标签界面，选中"外部"，单击"添加标签"按钮添加标签，创建新的标签名，并选择数据类型、标签对应的地址及控制器，标签名称必须和速度控制系统实例中控制器的变量名称相对应，如图 9-11 所示。如果只有一个控制器，那么"控制器（Controller）"中默认为"PLC-1"，创建完成的标签如图 9-12 所示。

标签名称	数据类型	地址	控制器
LL1	Boolean	L1	PLC-1
LL2	Boolean	L2	PLC-1
LL3	Boolean	L3	PLC-1
LL4	Boolean	L4	PLC-1
SHANGSH...	Boolean	SS	PLC-1
XIAJIANG	Boolean	XJ	PLC-1
WS1	Boolean	T1	PLC-1
WS4	Boolean	T4	PLC-1
s2	Boolean	s2	PLC-1
x2	Boolean	x2	PLC-1
s3	Boolean	s3	PLC-1
x3	Boolean	x3	PLC-1
louc	32 bit inte...	louceng11	PLC-1
MNDT1	Boolean	A1	PLC-1

图 9-11　添加标签地址　　　　　　　图 9-12　创建完成的标签

9.4　创建界面

PVC 800 中的按钮分为 4 种：瞬动（Momentary）、保持（Maintained）、锁存（Latched）和多态（Multistate）。

1）瞬时按钮　按下时改变状态（断开或闭合），松开后返回到其初值。

2）保持按钮　按下时改变状态，松开后保持改变后的状态。

3）锁定按钮　按下后就将该位锁存为 1，若要对该位复位必须由握手位（HandshakeTag）解锁，握手位的设定在该按钮的属性中进行。

4）多态按钮　有 2~16 种状态。每次按下并松开后，它就变为下一状态。在到达最后一个状态之后，再按该按钮则回到初值。

触点类型有两种。

1）常开触点（Normally Open Contact）　逻辑值 0 为初值，按下后变为 1。

2）常闭触点（Normally Close Contact）　逻辑值 1 为初值，按下后变为 0。

9.4.1　创建控制界面

界面用于控制电动机转速、手动控制与自动控制的切换以及验证操作人员是否有权登录相应权限。

1）单击"1-Screen" 弹出 1-Screen 界面，如图 9-13 所示，界面序号前有黑色的圆点表示运行时的初始界面。单击"添加"创建新的界面，重复上面的操作创建需要的界面。

图 9-13　1-Screen 界面

2）在"1-Screen"界面创建电动机起动按钮，打开输入控件，输入控件含义见表 9-2。单击瞬时按钮，拖拽到界面合适的位置上，双击该按钮，设置按钮状态属性，如图 9-14 所示。然后单击右边属性窗口的"连接"选项，设置按钮属性。在写标签窗口下拉框中选择 TAG0001（起动电动机）标签，如图 9-15 所示。在可见性标签窗口下拉框中选择 TAG0001（起动时可见）标签，如图 9-16 所示。

表 9-2　输入控件含义

控件名称	含义
瞬时按钮	按下时改变状态（断开成闭合），松开后返回到其初值
保持按钮	按下时改变状态，松开后保持改变后的状态
多态按钮	有 2~16 种状态。每次按下并松开后，它就变为下一状态。在到达最后一个状态之后，再按该按钮则回到初值
锁定按钮	按下后就将该位锁存为 1，若要对该位复位必须由握手位（Handshake Tag）解锁，握手位的设定在该按钮的属性中进行
数字输入	在触摸屏上单击该控件可输入数值
字符串输入	在触摸屏上单击该控件可输入字符串
数字增减	在触摸屏上单击该控件可以使输入的数值增大或减小
列表选择器	列表选择控件：此控件可实现从主列表跳转到各个分列表
键	向上、向下、回车按健
转至画面	跳转至某一特定界面
后退一个画面	返回至前一界面
前进一个画面	跳转至后一界面
界面选择器	此控件可实现从主界面跳转到各个分界面

图 9-14　设置按钮状态

图 9-15　设置写标签图

图 9-16　设置可见性标签

3）创建正转、反转和停止按钮，分别对应相应的标签 TAG003、TAG0004 和 TAG0002。

4）添加文字注释，指示电动机的运行状态。打开"绘图工具"选项，如图 9-17 所示，单击"文本"，单击"外观"选项，在"文本"处输入名称"起动"，并设置字体如图 9-18 所示；将它的可见性标签对应 TAG0001。同样添加文本"停止"、"正转"和"反转"。将它们的可见性标签分别对应 TAG0002、TAG0003 和 TAC0004。最后分别将起动文本与停止文本重合、正转文本和反转文本重合。值得一提的是，PVC 允许在文本中插入变量，包括日期、时间、数字量以及字符串。

5）创建电动机速度的数值显示　打开"显示"工具，单击"数值显示"标签，拖拽到界面合适的位置上，单击右边窗口的"格式"选项，数字位数表示显示的数字的个数，小数位数表示小数点后的位数，如图 9-19 所示。单击"连接"选项，在读标签下拉框中选择相应的标签。

图 9-17　绘制工具控件

图 9-18　设置文本

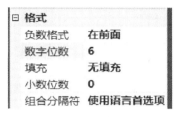

图 9-19　格式选项

6）创建电动机速度的数值输入　打开"输入"选项，单击"数值输入"，拖拽到界面合适的位置上，单击右边属性窗口的"外观"选项，将文本颜色设为黑色；单击右边属性窗口的"格式"选项，设定调速的范围为 –999999~999999，小数点是设定小数点的位置，固定位置表示设定固定的小数点位置，它固定几位是由小数位数中设置的数值决定的，数字域宽度选项定义了可以输入的数据宽度（数据的位数），如图 9-20 所示。单击"连接"选项，在写标签下拉框中选择 TAG0009（设定电动机速度）标签，指示器标签下拉框中选择 TAG0009，如图 9-21 所示。

图 9-20　格式选项

图 9-21　数值输入控件连接的设置

7）创建登录按钮和退出按钮　打开"进阶"，如图 9-22 所示，单击登录按钮，拖拽到界面合适的位置上，用同样的方法创建退出按钮。

8）创建屏幕跳转按钮，包括转至界面（跳转至某一特定屏幕）、后退一个界面（返回至前一屏幕）、前进一个界面（跳转至下一屏幕）和界面选择器（界面列表选择控件）4 个按钮。打开"输入"，选择"转至界面"，单击"外观"选项，在"文本"处输入要跳转屏幕的名称"主界面"，可对字体进行设置，如图 9-23 所示。单击"浏览"选项，选择要跳转的界面，如图 9-24 所示。

图 9-22　进阶选项

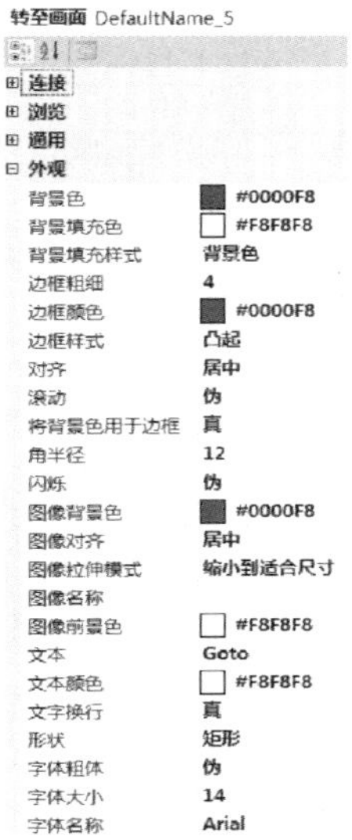

图 9-23　字体设置选项

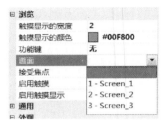

图 9-24　选择要跳转的界面

9.4.2　创建趋势图界面

利用趋势图可以对数据的变化过程进行监视，有利于捕捉快速变化的数据，可以对采集的数据形成的曲线进行历史数据分析。本界面中的趋势图主要是采集电动机的转速，对电动机的转速进行监视，步骤如下：

1）创建一个界面，命名为"Trend_1"，创建趋势图监视当前电动机的速度。打开"显示"工具，单击"趋势"标签，双击进入记录笔组态界面，选择要进行监视的标签，这里选择给定频率标签，即 TAG0005，如图 9-25 所示，该界面可对曲线的属性进行设置，包括曲线颜色、选择实线或虚线以及曲线的宽度设置。

2）单击右边窗口的"趋势"选项，设置的参数如图 9-26 所示。

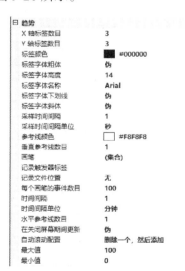

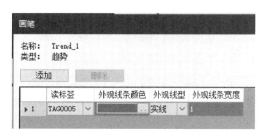

图 9-25　记录笔组态界面

图 9-26　趋势选项

3）创建跳转至主界面控件。完成后的趋势图界面如图 9-27 所示。

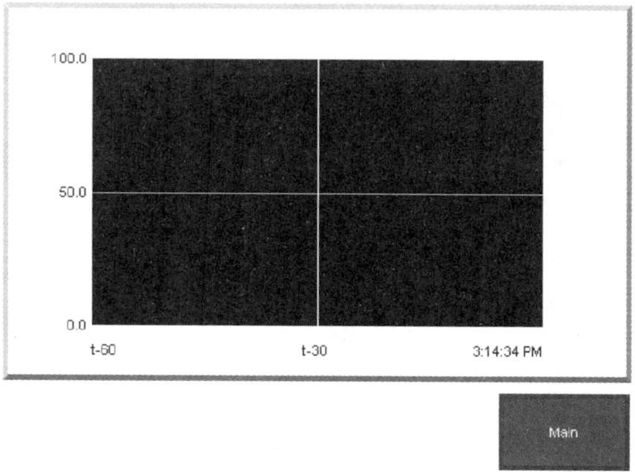

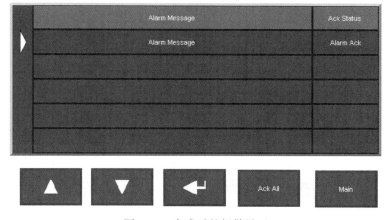

图 9-27 完成后的趋势图界面

9.4.3 创建报警界面

PVC 作为现场监视设备，报警功能要求及时、准确。在"报警"选项中用户可以设置报警触发器、报警类型和报警信息。

1）打开"报警"选项，单击"添加报警"选项，设置报警条。这里设定了高速报警和低速报警。在"触发器"处选择报警触发的标签，单击"报警类型"标签，有数值型和状态位型两种报警方式，若选数值型报警，表示该值就是触发报警的数值，若选状态位型报警，该值的含义是一个偏移地址，本示例中选择数值型。"边沿检测"标签包括上升沿、下降沿、电平触发。在"信息"栏中，输入报警。

2）打开"界面"窗口，创建报警列表。打开"进阶"选项，单击"报警列表"标签，接受默认设置即可。在报警列表下创建向上、向下、回车按键。

3）创建跳转至主界面控件。完成后的报警界面如图 9-28 所示。

图 9-28 完成后的报警界面

231

9.4.4 创建管理员界面

管理员界面主要完成对设备信息的显示、跳转至组态界面及对登录人员密码的设置。

1）创建时间显示文本。打开"绘图工具"选项，单击"文本"选项，拖拽到界面的顶部，双击它，单击"时间"选项，插入时间变量，如图 9-29 所示。然后用同样的操作创建日期显示文本，只需单击"日期"选项，插入日期变量，如图 9-30 所示。短日期格式定义缩写的日期显示，如 5/12/2010，长日期格式定义完整的日期格式，如 Wednesday，May，2010。利用同样的方法可以在文本中插入字符串变量以及离散量变量，这里不再赘述。

图 9-29　插入时间变量

图 9-30　插入日期变量

2）创建跳转至主界面控件，同样的操作可创建跳转至安全界面以及跳转至组态界面。

9.4.5 创建安全界面

PVC 800 为用户提供了安全机制属性设置，可以对操作权限进行分级，比如操作员对操作员站进行基本操作，不能对控制系统设定的参数进行修改；而管理员可对工程师站的部分控制系统设定的参数（非核心部分）进行修改，适时地调整工艺运行策略。

1）选择"安全" 选项，创建用户。单击"添加用户"选项，如图 9-31 所示，填写用户名称（OPER）、用户密码及确认密码，"密码"栏下包括重新设置和可修改，重新设置定义重新设置密码，密码可修改定义是否允许修改密码，打"√"表示允许修改，否则表示禁止。"权限"定义权限，单击"添加权限"选项，添加操作员权限和管理员权限，用户可以根据实际需要创建不同的权限，也可以删除不需要的权限，单击"删除权限"选项即可。用同样的方法创建用户 ADMIN，创建完成的用户界面如图 9-32 所示。

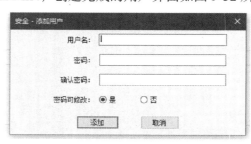

图 9-31　添加用户

用户	密码 - 重设	密码 - 可修改	设计
所有用户*		☐	☐
OPER		☑	☑
ADMIN		☑	☐

图 9-32　创建完成的用户界面

2）创建安全界面，命名为"6-Security"。打开"进阶"选项，创建启用/禁止密码按钮，单击"启用/禁止安全"，如图9-33所示。设置按钮状态属性，状态1为启用密码功能，状态2为禁止启用密码功能。创建重新设置密码按钮，该按钮适用于用户忘记密码的情况，可以通过该按钮在不知道原始密码的情况下重新设置密码，单击"重设密码"选项，接受默认的设置信息即可。创建改变密码按钮，单击"修改密码"选项，接受默认的设置信息即可。

	状态	背景色	背景填充样式	背景填充色	标题文本	标题文本颜色	标题字体名称	标题字体大小	标
▶1	已启用		背景色	∨		Disable Securit		Arial	∨	14	
2	已禁止		背景色	∨		Enable Security		Arial	∨	14	

图9-33　启用/禁止密码按钮状态属性设置

3）创建跳转至主界面控件，同样的操作可以创建跳转至管理员界面。完成后的安全界面如图9-34所示。

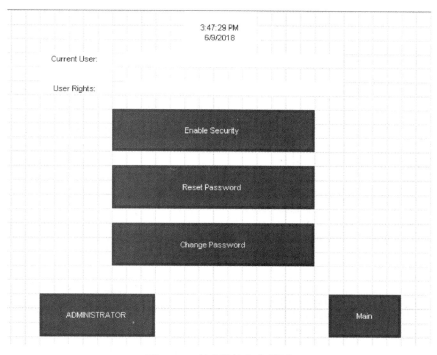

图9-34　完成后的安全界面

4）设置各个界面的权限　单击"Trend_1"，打开右边窗口的"界面"选项，在访问权限下拉框中选择权限为"OPERATOR"。同样的操作可以把其他界面的访问权限设为"ADMINISTRATOR"，用户可以根据现场需要对不同界面的权限进行不同的设置。

5）确认项目　在运行一个项目之前，必须对该项目进行校验。通过校验可以检测出项目的错误和警告信息，用户可根据提示信息进行改正。在工具栏中单击"校验"按钮，如果项目校验后无错误提示，则校验结果窗口如图9-35所示；如果项目校验后检测到错误，则校验结果窗口如图9-36所示，该窗口可对错误和警告信息进行描述。

图 9-35　校验无错误的窗口

图 9-36　校验发现错误的窗口

9.4.6　创建配方界面

配方相当于工业生产所需数据的一个"集合"，它把各种参数都存放在集合中，且把所有这样的"集合"保存在"配方选择器"里。在生产过程中倘若需要使用其中一种配方就不需要一个个修改程序数据，直接在"配方选择器"中选择新配方即可，这大大节省了工作时间。

配方模块界面如图 9-37 所示，它可分为 3 个部分：

1）配方选择器　通过"选键"选定所需配方的数据并使用。

2）配方表　通过对配方选择器中的配方进行"下载"显示到配方表中，并同时显示当前控制系统的实际值，方便及时调整配方数据。

3）功能键　通过 4 个功能块完成"下载配方""上传配方""保存配方"和"恢复配方"的功能。

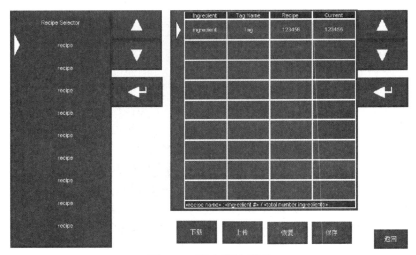

图 9-37　配方模块界面

配方界面创建步骤如下：

1）配方数据存放　双击"配方"标签，单击"创建配方"按钮产生空白配方"PECIPE_01"，单击"添加成分"按钮添加该配方需要存放的参数。如图 9-38 所示。

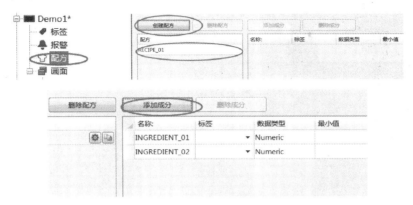

图 9-38　配方数据存放

2）配方中参数的设定　配方参数的名称可自行定义，如图 9-39 所示。

① 标签　即为控制流程中的变量地址，需要在标签中定义，然后在配方标签中选择该标签。

② 数据类型　数字为 Numeric，字符串为 String。

③ 最大值最小值　该参数的极限值（为配方表规定范围）。

④ 值　配方中赋予"标签"的值。

图 9-39　配方参数设定

3）设定完配方参数之后，各配方名会自动生成到"配方选择"中。然后将"配方选择器"与"键"关联，设置如图 9-40 所示。

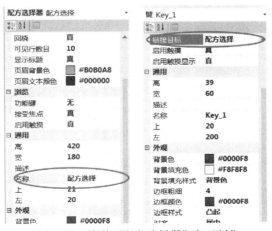

图 9-40　关联"配方选择器"与"键"

4）关联后通过上下键选择配方，按"回车键"锁定后单击"下载"按钮，系统自动将配方中的参数通过"标签"传递到 PLC 全局变量中，如图 9-41 所示。切换至下一个配方并确定，则之前配方被现在的配方覆盖。

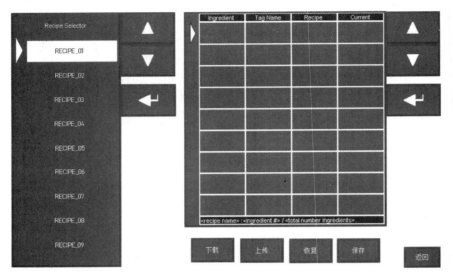

图 9-41　下载参数

5）"下载"后单击"恢复"按钮可将配方各参数显示在"配方表"中。通过"键"与触摸屏可查看配方的各个参数，并且可在触摸屏上对配方进行直接修改，修改错误时单击"恢复"按钮即可回到配方初始值；修改完毕后单击"保存"按钮，然后单击"下载"按钮即可将修改后的配方直接保存至"配方选择器"中，如图 9-42 所示。

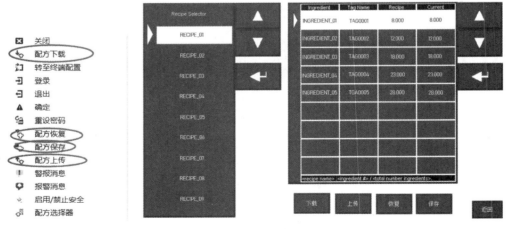

图 9-42　显示参数

在 CCW 软件中编写完程序后，可以在 CCW 中直接对 PVC 800 进行组态、编译和下载。即在 CCW 中屏幕的画面进行编辑之后，在左侧"功能树"的 PVC 800 处单击鼠标右键，选择"下载"选项，并选择对应的触摸屏 IP 地址后单击"确定"按钮即可将编辑好的画面下载到触摸屏中，如图 9-43~图 9-45 所示。

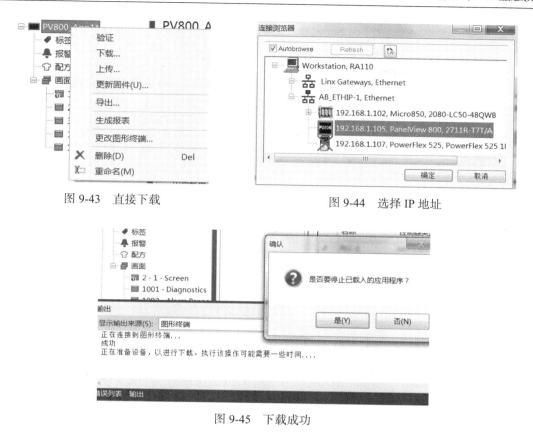

图 9-43　直接下载　　　　　　　　　　图 9-44　选择 IP 地址

图 9-45　下载成功

9.5　PanelView800 程序实例

本节以速度控制系统的设计为例，系统通过触摸屏 PVC 800 来控制 Micro850 控制器向变频器 PowerFlex 525 发出指令，从而控制电动机的运行方式和运行速度。速度控制系统的设计主要包括以下两个部分。

1）变频器控制（DRIVE CTRL），它是整个程序设计最核心的部分。

2）PanelView Component 800 画面制作。

系统的设计思路为：在编写程序之前，首先要完成控制器、变频器和触摸屏之间在通信时所需要的设置，触摸屏 PVC 800 和控制器 Micro850 使用以太网进行 CIP 通信；控制器 Micro850 和变频器 PowerFlex 525 使用以太网通信。接着设计变频器的控制程序，通过指令控制电动机的运行方式和运行速度。然后设计屏幕画面。在设计屏幕画面的时候将添加的标签与控制程序中的控制变量和反馈变量对应起来，然后再把相关的按钮和文本与相应的标签关联，最终达到通过触摸屏来控制电动机的运行方式和运行速度的目的。

9.5.1　变频器的控制

首先按照第 8 章介绍的方法控制变频器，不再赘述。系统程序如图 9-46 所示，通过触摸屏上的相应按钮可以控制电动机的起动、停止，正转和反转的切换。

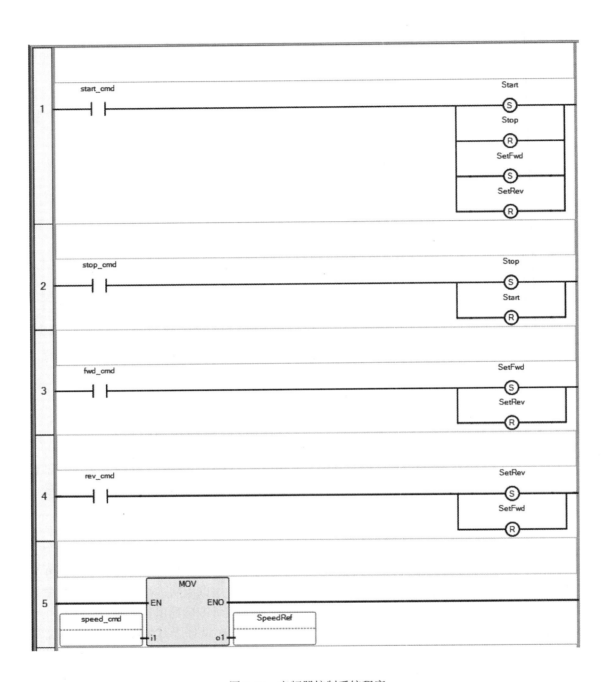

图 9-46　变频器控制系统程序

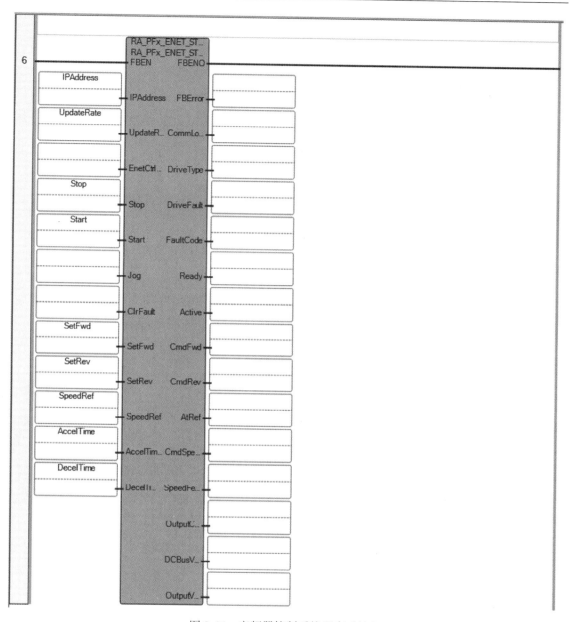

图 9-46　变频器控制系统程序（续）

9.5.2　PVC 800 的设计

按照上一节的步骤创建完成的画面如图 9-47 所示，其中起动状态标签为 1 时显示起动，为 0 时显示停止；同理正转状态标签为 1 时显示正转，为 0 时显示反转，电动机控制运行界面如图 9-48 所示。使用的标签、数据类型、按钮对应关系见表 9-3。

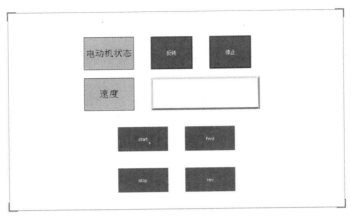

图 9-47 电动机控制界面

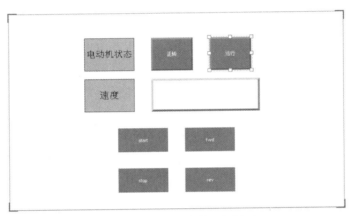

图 9-48 电动机控制运行界面

表 9-3 标签、数据类型、按钮对应关系

标签名称	数据类型	地址	控制器	描述
start	Boolean	start_cmd	PLC-1	
stop	Boolean	stop_cmd	PLC-1	
rev	Boolean	rev_cmd	PLC-1	
fwd	Boolean	fwd_cmd	PLC-1	
speed	Real	speed_cmd	PLC-1	
display_start	Boolean	Start	PLC-1	
display_fwd	Boolean	SetFwd	PLC-1	

　　按下屏幕上的起动按钮，图 9-46 中梯级 1 的 start_cmd 变为 1，Start、SetFwd 被置 1；Stop、SetRev 被置 0，这时电动机开始以设定速度正向转动，屏幕上会显示电动机正在运行且为正转；如果按下反转按钮，电动机就会减速，然后开始反转；按下停止按钮，电动机就会停止转动。

第10章

运动控制程序设计

10.1 丝杆被控对象和丝杆控制要求

丝杆设备是由设备本体及其检测与控制设备组成，分别由丝杆（主体）、驱动电动机（用于驱动丝杆的转动，带动滑块运动）、光电传感器（用于检测具体的滑块位置和速度）、限位开关（保护设备不被撞坏）和旋转编码器（用于连接 PLC 的 HSC 来记录丝杆运转的圈速而产生的脉冲）等组成。

本例程主要是使用 Micro850 及罗克韦尔 PowerFlex525 变频器实现丝杆按规定曲线加速、匀速和减速至指定位置，并以最快的速度返回起始位置。其基本控制要求如下：

1）PLC 通过以太网接口与 PowerFlex525 变频器通信，控制变频器实现丝杆起动、停止及加减速运行。

2）利用编码器反馈确定丝杆移动距离（电动机转动圈速）。

3）PLC 首次通电，无论丝杆在任意位置，电动机都能正转，用以带动滑块到最左侧。

4）当丝杆滑块回到初始位置并等待 5s 后（小车装货），以低速运行至第一个光电传感器位置，等待 5s（小车第一次卸货），离开时高速运行到接近第二个光电传感器处，再减至低速并运行到第二个光电传感器处，等待 5s（小车第二次卸货），离开时高速运行到接近第三个光电传感器处，减至低速并运行到第三个光电传感器处，等待 5s（小车第三次卸货），最后低速运行到最右侧，等待 5s（装货）。并从右到左继续刚才的动作，往返不停。

5）在 PanelView800 中显示当前转速并可以通过显示屏改变丝杆速度快慢（电动机）。对于相关的加速过程可以使用开环控制，也可以使用闭环 PID 控制，使丝杆滑块的运动更加稳定。

10.2 控制系统结构与设备配置

10.2.1 系统结构与硬件连接

丝杆控制系统结构如图 10-1 所示。整个系统由用来编程和监视的计算机、Micro850PLC 和变频器等组成，这些设备之间通过以太网连接。

丝杆和 PLC 的连接图如图 10-2 所示，它们的连接主要包括：

1）光电传感器和限位开关以及旋转编码器连接 PLC 的输入接口，另外 PLC 的数字量输入接口还要接 4 个按钮，分别表示运行和停止等功能。具体信号地址见表 10-1。

2）PLC 的数字量输出接口连接 4 个指示灯，分别表示运行、停止、正转和反转指示。具体信号地址分配见表 10-1。

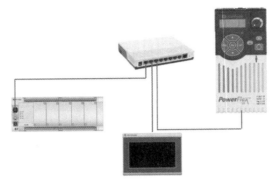

图 10-1　丝杆控制系统结构图

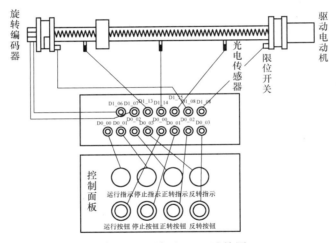

图 10-2　丝杆和 PLC 连接图

表 10-1　信号地址

1	1# 光电传感器		DI_13
2	2# 光电传感器	确定滑块的特殊位置和速度	DI_14
3	3# 光电传感器		DI_15
4	1# 限位开关	保护丝杆设备	DI_08
5	2# 限位开关		DI_09
6	运行按钮	设备开始运行	DI_00
7	停止按钮	设备停止运行	DI_01
9	运行指示灯	亮表示丝杆运行	DO_00
10	停止指示灯	亮表示丝杆停止	DO_01
11	正转指示灯	亮表示丝杆正转	DO_02
12	反转指示灯	亮表示丝杆反转	DO_03

10.2.2　变频器及其配置

1. 变频器的配置

参照 8.4 节或 8.5 节的操作方法将变频器配置为和 PLC 同一网段下的组态 (即 IP 地址在同一网段下)。

2. 变频器在 PLC 中的配置

1) 参数配置　由于使用到了变频器模块，故而在变量表中建立使用变频器模块对应的变量，变频器参数如图 10-3 所示。

SetFwd	BOOL				
SetRev	BOOL				
SpeedRef	REAL	20.0			
IPAddress	STRING	'192.168.1.47'		80	
AccelTime	REAL	1.0	1s		
DecelTime	REAL	1.0	1s		
Start	BOOL				
Stop	BOOL				
UpdateRate	UINT	50	50		

图 10-3　变频器参数

2) 模块配置　变频器模块如图 10-4 所示，将建立的变量写入模块对应的位置，在程序中通过改变对应变量的值来改变模块的输出，即改变变频器状态来控制电动机转动。

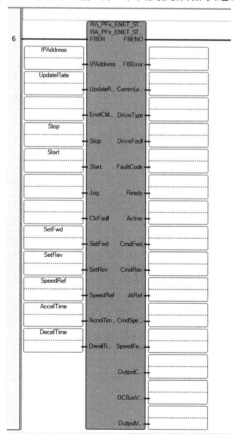

图 10-4　变频器模块

243

10.2.3 高速计数器模块配置

高速计数器在程序中作为对编码器输出的检测和记录工具，并通过中断控制电动机的运动，从而实现一定功能的运动控制。

1. 配置变量表

配置变量表如图 10-5 所示，建立高速计数器的各个变量，其中 Hsc_Cmd 是 USINT 类型、Hsc_App 是 HSCAPP 类型、Hsc_Info 是 HSCSTS 类型、Hsc_Pls 是 PLS 类型。

名称	别名	数据类型	维度	项目值	初始值	注释	字符串大小
		▾ ▦▾	▾ ▦▾	▾ ▦▾	▾ ▦▾	▾ ▦▾	▾ ▦▾
＋ HSC_1		HSC ▾		...	...		
Hsc_Cmd		USINT ▾					
＋ Hsc_App		HSCAPP ▾		...	...		
＋ Hsc_Info		HSCSTS ▾		...	...		
＋ Hsc_Pls		PLS ▾		...	...		
＊							

图 10-5　高速计数器变量

2. 为各个变量赋初始值

1）Hsc_Cmd 由外部控制，故而不需要初始化。

2）Hsc_App。由于该程序不需要用到 PLS 功能，故而 Hsc_App.PlsEnable 参数填入 FALSE。在编码器接线中接入 _IO_EM_DI_06 和 _IO_EM_DI_07，这两个端口对应的是 HSC3，故 Hsc_App.HscID 参数填入 3。而计数的初值我们希望从 0 开始，以便于观察和计算，故 Hsc_App.Accumulator 参数填入 0。程序中只使用了增序计数器，所以 Hsc_App.HscMode 参数选择了 0，同时 HPSeting 参数填入 15000。15000 代表 HSC 接收到 15000 个编码器提供的脉冲后运行 HSC 的上限中断。由于使用了模式 1 计数，LPSeting 参数可不填。而 OFSeting 参数和 UFSeting 参数则必须高于 HPSeting 和 LPSeting。Hsc_App 变量图如图 10-6 所示。

3）Hsc_Info。主要存放高速计数器计数值，可用于程序的控制。Hsc_Info 变量图如图 10-7 所示。

4）Hsc_Pls。本示例中未用到该功能，故不做介绍。Hsc_Pls 变量图如图 10-8 所示。

变量配置完成后可调用高速计数器模块，模块图如图 10-9 所示。

▶ ⊟ Hsc_App		HSCAPP	...		
	Hsc_App.PlsEnal	BOOL	FALSE		
	Hsc_App.HscID	UINT	3		
	Hsc_App.HscMc	UINT	0		
	Hsc_App.Accum	DINT	0		
	Hsc_App.HPSett	DINT	15000		
	Hsc_App.LPSetti	DINT			
	Hsc_App.OFSett	DINT	100000		
	Hsc_App.UFSett	DINT	-1		
	Hsc_App.Outpu	UDINT	0		
	Hsc_App.HPOut	UDINT	0		
	Hsc_App.LPOutр	UDINT	0		

图 10-6　Hsc_App 变量

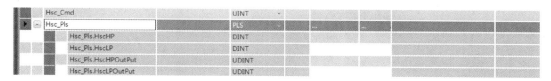

Hsc_App		HSCAPP		...	...
Hsc_Info		HSCSTS		...	...
	Hsc_Info.CountEnable	BOOL			
	Hsc_Info.ErrorDetected	BOOL			
	Hsc_Info.CountUpFlag	BOOL			
	Hsc_Info.CountDwnFlag	BOOL			
	Hsc_Info.Mode1Done	BOOL			
	Hsc_Info.OVF	BOOL			
	Hsc_Info.UNF	BOOL			
	Hsc_Info.CountDir	BOOL			
	Hsc_Info.HPReached	BOOL			
	Hsc_Info.LPReached	BOOL			
	Hsc_Info.OFCauseInter	BOOL			
	Hsc_Info.UFCauseInter	BOOL			
	Hsc_Info.HPCauseInter	BOOL			
	Hsc_Info.LPCauseInter	BOOL			
	Hsc_Info.PlsPosition	UINT			
	Hsc_Info.ErrorCode	UINT			
	Hsc_Info.Accumulator	DINT			
	Hsc_Info.HP	DINT			
	Hsc_Info.LP	DINT			
	Hsc_Info.HPOutput	UDINT			

图 10-7　Hsc_Info 变量

Hsc_Cmd		UINT			
Hsc_Pls		PLS			
	Hsc_Pls.HscHP	DINT			
	Hsc_Pls.HscLP	DINT			
	Hsc_Pls.HscHPOutPut	UDINT			
	Hsc_Pls.HscLPOutPut	UDINT			

图 10-8　Hsc_Pls 变量

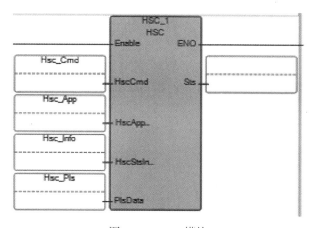

图 10-9　HSC 模块

10.3　丝杆运动控制的 PLC 程序设计

10.3.1　程序基本要求

1）起动。无论滑块在什么位置，首次起动时，丝杆电动机均低速正转到初始位置并停止 5s 装料。

2）每到一个限位开关都停止 5s 上料，且每到一个光电传感器都停止 5s 卸料，并在离开光电传感器时高速运行（如果离开光电传感器后下一位置是限位开关，则保持低速运行）。

3）当 Hsc 计数值到达上限时，丝杆电动机从高速变为低速（使用中断提高精确性）。

10.3.2　程序示例

1. 主程序

主程序如图 10-10 所示，它主要控制了丝杆电动机的起动、停止、正转、反转以及速度。

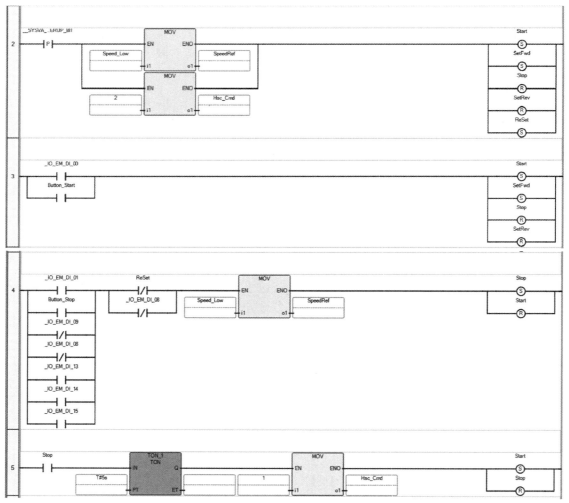

图 10-10　主程序示例

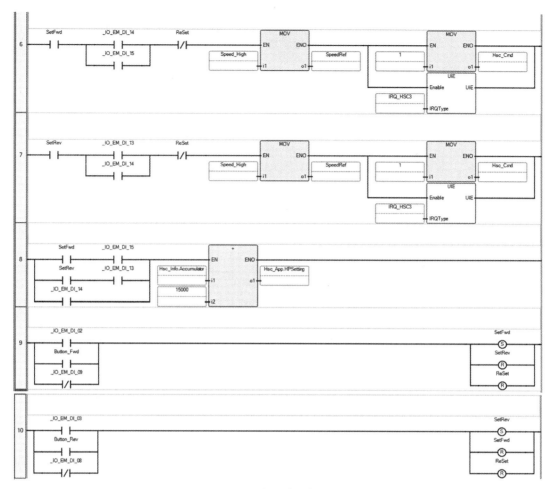

图 10-10　主程序示例（续）

2. 中断子程序

如图 10-11 所示，当 Hsc 计数到达上限时，停止电动机转动。

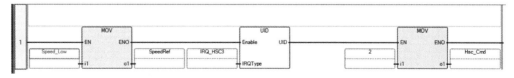

图 10-11　中断子程序示例

10.4　丝杆控制的人机界面设计

10.4.1　人机界面的配置

1）首先加入 PV 800 模块，如图 10-12 所示。

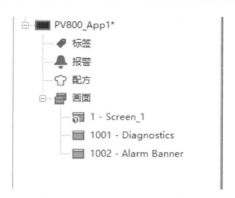

图 10-12　PanelVeiw 800 模块

2）标签中加入需要控制的全局变量对应的标签名称（将对应的按钮转化成对应的图像），如图 10-13 所示。

标签名称	数据类型	地址	控制器	描述
start	Boolean	Button_Start	PLC-1	
stop	Boolean	Button_Stop	PLC-1	
fwd	Boolean	Button_Fwd	PLC-1	
rev	Boolean	Button_Rev	PLC-1	
HighSpeed	Real	Speed_High	PLC-1	
Speed_Feedb...	Real	FeedBack_Spee	PLC-1	
LowSpeed	Real	Speed_Low	PLC-1	

图 10-13　标签

3）在界面中用图形画出对应的按钮的显示图像，并配置好标签，如图 10-14 所示。

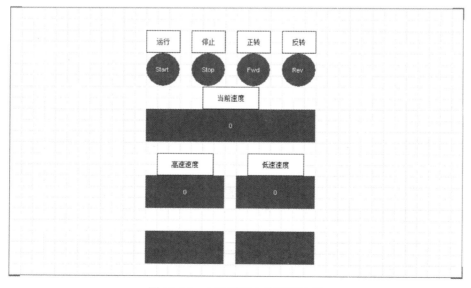

图 10-14　人机界面中的图形按钮

10.4.2　下载程序

下载程序到屏幕中，如图 10-15 所示，下载完成后，在屏幕中运行该程序，就可以使用屏幕控制电动机，使电动机运行。

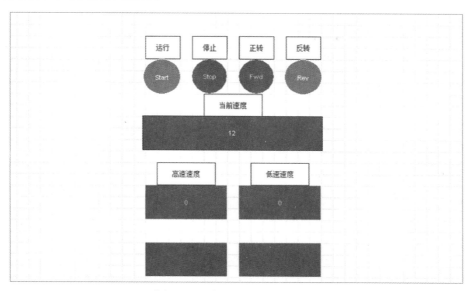

图 10-15　人机界面中的运行图